छंदातून विज्ञान

डी.एस.इटोकर

मेहता पब्लिशिंग हाऊस

◆ *या पुस्तकातील लेखकाची मते, घटना, वर्णने ही त्या लेखकाची असून त्याच्याशी प्रकाशक सहमत असतीलच असे नाही.*

CHHANDATUN VIDNYAN by D.S. ITOKAR

छंदातून विज्ञान : डी.एस. इटोकर / विज्ञान प्रयोग

© डी. एस. इटोकर

वॉर्ड नं. ४, राऊतवाडी,

मु. पो. ता. चिखली, जि. बुलढाणा.

प्रकाशक   : सुनील अनिल मेहता, मेहता पब्लिशिंग हाऊस,
             १९४१, सदाशिव पेठ, माडीवाले कॉलनी, पुणे ४११ ०३०

प्रकाशनकाल : ऑक्टोबर, १९९३ / फेब्रुवारी, १९९७ / जुलै, १९९८ /
             जून, २००० / मार्च, २००२/ सप्टेंबर, २००३/ मे, २००५/
             मार्च, २००९/ मे, २०१२ / मे, २०१४ /
             पुनर्मुद्रण : जानेवारी, २०१८

मुखपृष्ठ व

सजावट   : बाबू उडुपी

P Book ISBN 9788177662924

E Books available on : play.google.com/store/books
                         m.dailyhunt.in/Ebooks/marathi
                         www.amazon.in

ज्यांनी माझ्यात बालपणापासून वैज्ञानिक दृष्टिकोन
व सर्जनशीलता जोपासून वाढविली,
त्या माझ्या तीर्थरूपांना माझे
हे सहावे विज्ञान-पुष्प
सादर अर्पण

-देविदास

◆ प्रस्तावना

'छंदातून विज्ञान' हे माझे विज्ञानप्रेमी स्नेही डी.एस. इटोकर यांचे सहावे पुस्तक. आज सर्व शाळांमधून विज्ञान विषय शिकवला जातो. म्हणून विज्ञानाच्या मूलभूत तत्त्वांची ओळख व्हावी, बालकातील 'धडपड' ह्या स्थायिभावाला योग्य ती दिशा मिळावी व त्याच्या हातून काहीतरी रचनात्मक व रंजक निर्मिती व्हावी, ह्या दृष्टिकोनातून हे पुस्तक लिहिले गेले आहे.

वैज्ञानिक तत्त्वांवर आधारित सुटसुटीत, सोपी रचना असलेली खेळणी, उपकरणे या माध्यमातून रंजकतेबरोबर वैज्ञानिक दृष्टिकोन वाढीस लागावा, जिज्ञासापूर्ती व्हावी, हा या पुस्तक-लेखनाचा उद्देश पूर्णपणे सफल झाला आहे. अनेक प्रयोग आणि उपकरणांतून वैज्ञानिक दृष्टीने चमत्कारामागील कारणपरंपरा शोधणे व अंधश्रद्धेला छेद देणे ही महत्त्वाची उपलब्धी या पुस्तकाने दिली आहे. प्रायोगिकता व उपकरणाची उपयोगिता हा दृष्टिकोन समोर ठेवून अनेकविधी समस्यांवर मूलभूत उपाय शोधण्याचे व शोधक बुद्धीला चालना देण्याचे कार्य ह्या पुस्तकाद्वारे निश्चित होईल, असा विश्वास वाटतो. पुस्तकाची भाषा मुलांशी हितगुज केल्यासारखी आहे. क्लिष्टता टाळलेली आहे. स्वतंत्रपणे वाचून, कोणाचीही मदत न घेता, प्रयोग अथवा उपकरण सिद्ध करता येते. प्रत्येक वैज्ञानिक खेळणे व उपकरण यामागे लेखकाने केलेल्या चिंतनाची जाणीव होते.

केवळ शालेय विद्यार्थ्यांसाठी किंवा विशिष्ट वयोगटातील मुलांपुरती ह्या पुस्तकाची मर्यादा नाही, तर जिज्ञासू वाचक, शिक्षक, पालक व सर्व क्षेत्रांतील विज्ञानप्रेमींसाठी हे पुस्तक उपयुक्त आहे, असे म्हटल्यास वावगे होणार नाही.

प्रत्येक बालकाच्या हाती असलेच पाहिजे, असा 'छंदातून विज्ञान' ह्या पुस्तकाचा उल्लेख करता येईल.

श्री. डी.एस. इटोकर यांच्या ह्या उपक्रमाला माझ्या हार्दिक शुभेच्छा!

प्रा.आर.बी. वानखडे,
श्री शिवाजी ज्यूनि. कॉलेज ऑफ सायन्स,
चिखली, जि. बुलढाणा

दोन शब्द

प्रत्येक व्यक्तीला कोणता ना कोणता छंद असतो. मला माझ्या बालपणी सापडलेल्या, पडलेल्या वस्तू जमा करून ठेवण्याचा छंद होता. एका छोट्या पेटीत मी त्या वस्तू ठेवत असे. त्यात डब्या, शिशा, झाकणे, बुचे, ठोकळे, नट बोल्ट, खिळे या वस्तू असत. सुटीच्या दिवशी हे सर्व सामान बाहेर काढून पाहत बसणे व त्यापासून काय तयार करता येईल, याचा विचार करणे व ती वस्तू तयार करणे व खेळणे हा उद्योग होता. त्या छंदातूनच मी केव्हा विज्ञानाच्या क्षेत्रात पदार्पण केले, हे मलाच समजले नाही.

शालेय विज्ञानातील प्रयोग व माझ्या जवळच्या जमा केलेल्या वस्तू यांची सांगड घालून मी खेळणी तयार करू लागलो. पुढे पुढे अनेक भौतिक घटना, तत्त्वे माहीत होत गेली व माझ्या या लहानपणीच्या छंदातून वैज्ञानिक खेळणी तयार होऊ लागली. या जमा झालेल्या माहितीचा उपयोग लहान मुलांना व्हावा व त्यांच्यांत विज्ञानाची गोडी निर्माण व्हावी, म्हणून 'वैज्ञानिक खेळणी', 'हसत खेळत विज्ञान', 'रमत गमत विज्ञान', 'धडपडीतून विज्ञान', 'सोपे स्क्रीन प्रिंटिंग' ही पुस्तके लिहून प्रकाशित केली. महाराष्ट्राच्या कोनाकोपऱ्यांतून बऱ्याच बालवाचकांची स्तुतीपर पत्रे आली. गेल्या अनेक वर्षांपासून मुलांच्या सर्जनशीलतेला वाव देणारी अशी पुस्तके मराठी भाषेत नव्हती. त्यामुळे ही पुस्तके प्रकाशित होताच बालवाचकांप्रमाणेच मोठ्यांनीसुद्धा त्यांचे कौतुक केले.

त्याच कौतुकाच्या जोरावर मी आज माझे सहावे विज्ञान-पुस्तक 'छंदातून विज्ञान' वाचकांपुढे ठेवत आहे.

या पुस्तकात वैज्ञानिक तत्त्व व त्यावर आधारलेले उपकरण कसे तयार करावे, याची माहिती तर आहेच; पण त्याचबरोबर अंधश्रद्धा व हातचलाखी याच्या मागेसुद्धा विज्ञानच आहे, हे सिद्ध करून दाखविले आहे. घरातल्या निरुपयोगी व अल्प किमतीच्या वस्तू वापरून ही उपकरणे तयार केलेली असून, ती तयार करीत असतानाच मुलांमधील सर्जनशीलता व सौंदर्यदृष्टी कशी विकसित होईल, हाच उद्देश समोर ठेवला आहे.

महाराष्ट्रातील एक दर्जेदार प्रकाशक 'मेहता पब्लिशिंग हाऊस, पुणे' यांनी माझे हे आणखी एक पुस्तक प्रकाशनासाठी स्वीकारले, याचा मला अभिमान वाटतो. हे पुस्तक लिहून पूर्ण करण्यासाठी प्रेरणा देणारे श्री शिवाजी विद्यालयाचे

प्राचार्य श्री.ए.ए. बाहेकर, सर्व शिक्षक बंधू व ज्यांच्यासाठी हे पुस्तक लिहिले, ते माझे विद्यार्थी या सर्वांचा मी आभारी आहे.

'मी जे काही लिहितो, ते वाचकांना आवडते', याची पहिल्यांदा मला जाणीव करून देऊन ज्यांनी मला प्रोत्साहित केले, त्या प्रा.आर.बी. वानखेडे यांनी वेळात वेळ काढून माझे हस्तलिखित वाचून त्यासाठी प्रस्तावना लिहून दिली. त्यांचे आभार मानल्याशिवाय हे दोन शब्द पूर्ण होणारच नाहीत.

आपला
डी.एस. इटोकर,

अनुक्रमणिका

मजेदार भिंगरी

रिकाम्या भांड्यात हवा भरलेली असते, हे आपल्याला माहीत आहे. ह्याच हवेचा उपयोग करून भिंगरी कशी फिरते, ते पाहू. त्यासाठी आपल्याला एका प्लॅस्टिकच्या शिशीची आवश्यकता आहे. बाजारात खोबरेल तेलाच्या शिशा मिळतात. (पॅराशूट, कोकोराज ह्यांपैकी कोणतीही रिकामी शिशी चालेल.) चाकूने कापून ह्या शिशीचे बूड काढून टाका. शिशीच्या वरच्या तोंडाला घट्ट बसेल, असे रबरी बूच घ्या.

बॉलपेनची रिकामी पुंगळी घ्या व तिला मध्यभागी कापून दोन तुकडे करा. रबरी बुचाला मध्यभागी आरपार छिद्र पाडा. हे छिद्र पाडण्यासाठी जाड सुई गरम करा व ती गरम असतानाच बुचात घाला. पूर्ण छिद्र पडले नाही, तर सुई पुन्हा गरम करा व पुन्हा बुचात घाला. हीच क्रिया करून बुचाला आरपार छिद्र पाडा. ह्या छिद्रात बॉलपेनच्या नळीचा तुकडा आरपार घाला. बुचाच्या खालच्या बाजूने नळीचा तुकडा किंचित बाहेर येऊ घ्या. बुचाच्या वरच्या बाजूने मात्र नळी बरीच वर असावी.

याप्रमाणे बुचात नळी बसविल्यावर ते बूच प्लॅस्टिकच्या शिशीच्या तोंडात घट्ट बसवा. वहीच्या कागदापासून इंग्रजी 'व्ही' आकाराच्या पट्ट्या कापून घ्या. ह्या पट्ट्या कशा चिकटवायच्या, ते आकृतीत दाखविले आहे. प्रत्येक 'व्ही'ची एक बाजू

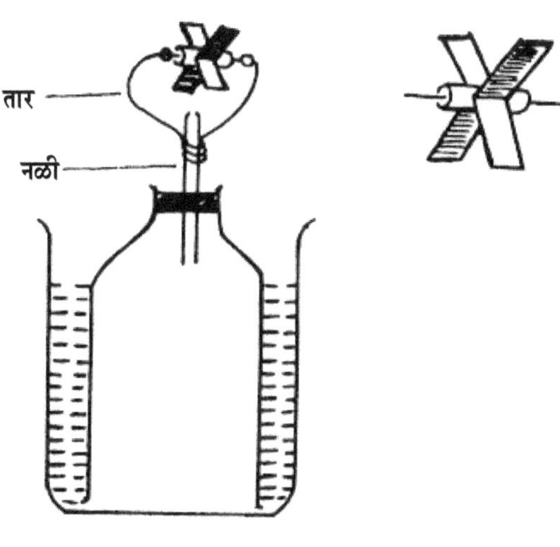

शेजारच्या 'व्ही'च्या एका बाजूला चिकटवून टाकली आहे. सर्व बाजू चिकटवून झाल्यावर चार पट्ट्या असलेली भिंगरी तयार होईल. ह्या भिंगरीच्या मध्यभागी बारीक छिद्र तयार होते. त्यात बॉलपेनच्या नळीचा तुकडा घट्ट बसवावा. अशा तऱ्हेने भिंगरी तयार होते. ती शिशीला कशी बसवायची, ते आता पाहू.

सुईएवढ्या जाडीचा तारेचा तुकडा घेऊन त्यात ही भिंगरी ओवून घ्या. तारेच्या मध्यभागी भिंगरी ठेवून तारेची दोन्ही टोके वाकवा. ही वाकलेली टोके शिशीच्या बुचात बसविलेल्या नळीभोवती गुंडाळा. आकृती पाहा. बुचात बसविलेली नळी ह्या भिंगरीसमोर यावयास पाहिजे; पण भिंगरीला टेकावयास नको. भिंगरी तारेभोवती मोकळेपणाने फिरते, की नाही, ते पाहा. शिशीच्या बुडाकडून हवा फुंकून पाहा. तुम्ही फुंकलेली हवा शिशीच्या नळीतून भिंगरीवर आपटते व भिंगरी फिरते. ती अगदी चांगली मोकळेपणाने फिरेल, ह्याची काळजी घ्या.

एका मोठ्या भांड्यात पाणी घ्या. त्यात ही शिशी एकदम उभी दाबा. पाण्याच्या दाबामुळे शिशीतील हवा नळीतून जोराने बाहेर पडते व भिंगरीवर आदळते व भिंगरी फिरू लागते. शिशी एकसारखी पाण्याच्या भांड्यात वरखाली करीत राहिल्यास नळीतून बाहेर पडणाऱ्या हवेचा झोत वारंवार भिंगरीवर पडत राहातो व भिंगरी न थांबता एकसारखी फिरत राहाते.

◆◆◆

पाणी पिणारा राक्षस

आपण असा विलक्षण राक्षस तयार करणार आहोत, की त्याने पाणी पिण्यास सुरुवात केली, की तो अमर्याद पाणी पीतच राहातो. त्याच्या तोंडाला लावलेल्या भांड्यात कितीही पाणी टाकले, तरी तो पीतच राहातो. मग ह्याचे पाणी पिणे आपण कसे थांबविणार? ह्या प्रश्नाचे उत्तर मात्र ह्या प्रयोगाच्या शेवटी आपल्याला मिळणार आहे.

बाजारात राक्षसाचे, देवांचे, प्राण्यांचे असे प्लॅस्टिकचे मुखवटे विकत मिळतात. लहान मुले ते मुखवटे तोंडाला लावून खेळत असतात. तशाच प्रकारचा एक राक्षसाचा मुखवटा विकत आणावा. त्याचे तोंड जर बंद असेल, तर त्याला एक छिद्र पाडा. हा मुखवटा एका पुठ्ठ्याच्या खोक्याला पक्का शिवून घ्यावा. राक्षसाचे छिद्र पाडलेले तोंड जेथे येत असेल, तेथे खोक्याला छिद्र पाडून घ्यावे.

एक काचेची नळी (मोठ्या छिद्राची) घेऊन तिला मध्यभागी स्पिरिटच्या

दिव्याने गरम करून, ती इंग्रजी 'व्ही'आकाराप्रमाणे वाकवावी. ह्या नळीचे एक टोक आखूड व दुसरे बरेच लांब असावे. नळीचे लांब टोक राक्षसाच्या तोंडात बाहेरून आतमध्ये घालावे. ते खोक्याच्या छिद्रातून खोक्यात जाईल. त्या नळीचे तोंड जमिनीकडे करावे. खोक्याच्या आतील नळी प्रेक्षकांना दिसणार नाही. नंतर एक काचेचा पेला घेऊन तो राक्षसाच्या तोंडाला टेकवून ठेवावा व नळीचे आखूड टोक पेल्यात सोडावे. अशा प्रकारे आपली तयारी पूर्ण झाली. नंतर दुसऱ्या एका भांड्याने पेल्यात हळूहळू पाणी ओतण्यास सुरुवात करावी. जोपर्यंत पाणी पेल्यात पूर्णपणे भरले जात नाही व ते राक्षसाच्या ओठांना टेकत नाही, तोपर्यंत तो पाणी पिण्यास सुरुवात करणार नाही. पेला पूर्ण भरताच राक्षस पाणी पिऊ लागतो व पेल्यातील पाणी कमी होत जाते. तुम्ही पेल्यातील पाणी संपावयाच्या आत पाणी टाकीत राहिला, तर कितीही पाणी टाकले, तरी ते पाणी संपतच जाते. ही क्रिया बंद करणार कशी? हा प्रश्न तुमच्यासमोर उभा राहिल्यावर तुम्ही पेल्यात पाणी टाकणे बंद करा. पेल्यातील सर्व पाणी संपेपर्यंत थांबा. नंतर पाणी टाकले, तर पाणी कमी होणार नाही.

आहे, की नाही, गंमत! असे का घडते, ते आता पाहू.

'व्ही' आकाराची नळी म्हणजे वक्रनलिका (सायफन) होय. पेल्यात पाणी टाकल्यावर तिच्या वाकलेल्या बाजूपर्यंत पाणी येत नाही, तोपर्यंत ती सुरू होत नाही. पेला पूर्ण भरला, म्हणजे नळीच्या वाकड्या भागात पाणी शिरते व लांब बाजूकडे वाहू लागते व वक्रनलिका सुरू होते. ही पाणी वाहण्याची क्रिया सतत चालू राहाते. कितीही पाणी ओतले, तरी ते वाहतच राहाते. पण जेव्हा आपण पेल्यात पाणी टाकणे बंद करतो व पेल्यातील पाणी सपते, तेव्हा वक्रनलिकेचे कार्य बंद पडते. ते पुन्हा सुरू होण्यासाठी पेला पाण्याने पूर्ण भरला गेला पाहिजे. खोक्याच्या आतील नळीला दुसरी मोठी नळी लावून, ती दिसणार नाही, अशा रीतीने बादलीत सोडून द्यावी. म्हणजे पाणी वाया जाणार नाही; व तेच पाणी पुन्हा पुन्हा वापरता येईल.

प्रेक्षकांना पेला, राक्षसाचे तोंड व खोके इतक्याच वस्तू दिसाव्या. वक्रनलिका दिसू नये. म्हणजे आणखी गंमत वाढेल.

♦♦♦

३   चमच्याचे चक्र

संक्रांतीच्या वाणात बन्याच वेळा प्लॅस्टिकच्या डब्या, कुंकवाच्या डब्या, चमचे, कंगवे, वाट्या अशा वस्तू मिळतात. त्यांपैकी प्लॅस्टिकचे सारख्या आकाराचे चार चमचे मिळाले, म्हणजे आपले काम झाले. मात्र ते सारख्या लांबीचे व सारख्या वजनाचे असावे.

एक नरम प्लॅस्टिकचे झाकण किंवा डबी घ्यावी. त्याच्या परिघावर चार ठिकाणी समान अंतरावर खुणा करून घ्याव्या. ह्या खुणांवर चाकूने खाचा पाडाव्या. ह्या खाचेत चमच्याची दांडी पक्की बसली पाहिजे. ती जर ढिली बसली, तर चक्र फिरताना चमचा उडून जाईल. अशा प्रकारे चार खुणांच्या खाचांत चार चमचे पक्के करावे. मात्र सर्वांची

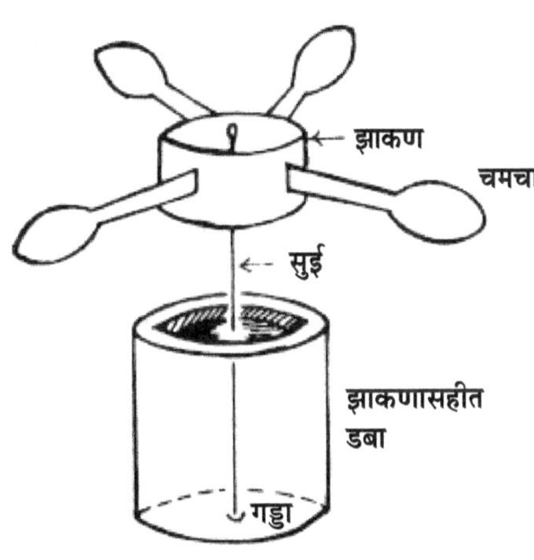

दिशा एकच असावी. सगळ्यांचे खोलगट भाग एकाच दिशेने असावे. ह्या झाकणाच्या मध्यबिंदूच्या ठिकाणी एक मोठी सुई वरून घालावी. सुईचे टोक खाली असावे. हे चक्र पक्के करण्यासाठी सुईच्या उंचीपेक्षा कमी उंचीचा पत्र्याचा डबा वापरावा. ऑईल पेंटचे रिकामे चापट डबे चालतील. त्याच्या झाकणाला सुई सहज जाईल, असे छिद्र आरपार पाडावे व बुडाच्या मध्यभागी खिळ्याने फक्त

खड्डा पाडावा. छिद्र पाडू नये. ह्या खड्डुयात सुईचे खालचे टोक थांबेल, अशा रीतीने, झाकणातून चक्राची सुई आत घालावी.

आता हे उपकरण गच्चीवर घेऊन जा. तेथे हवा आली, की चमच्याच्या खोलगट भागात हवा शिरते व तो चमचा मागे लोटला जातो. त्याची जागा दुसरा चमचा घेतो, अशा तऱ्हेने हे चक्र सतत फिरत राहाते.

♦♦♦

हवा गरम झाली, की ती हलकी होते व वर जाते. तिची जागा दुसरी थंड हवा घेते. ती पुन्हा गरम होऊन वर जाते व अशा प्रकारे गरम हवेचा वर जाणारा प्रवाह तयार होतो. ह्या प्रवाहाचा उपयोग करून त्यावर फिरणारे टर्बाईन आपण तयार करू.

साहित्य : जुने पोस्टकार्ड, इंजेक्शनच्या अँप्यूलचे टोक, सायकलचा टोकदार स्पोक, मातीचा गोळा, मेणबत्ती.

कृती : पोस्टकार्डाची २ सें.मी. रुंदीची व ८ सें.मी. लांबीची एक पट्टी कापून घ्या. तिच्या लांबीच्या मध्यावर खूण करा. आकृतीत दाखविल्याप्रमाणे ह्या मध्यबिंदूतून जाणारी एक तिरपी रेषा काढा व त्या रेषेवर घडी घाला. नंतर मध्यबिंदूच्या ठिकाणी छोटे छिद्र पाडून त्यात अँप्यूलचे टोक खालून वर घाला. हे आपले फिरणारे टर्बाईन तयार झाले. आता याला ठेवण्यासाठी आधार तयार करू.

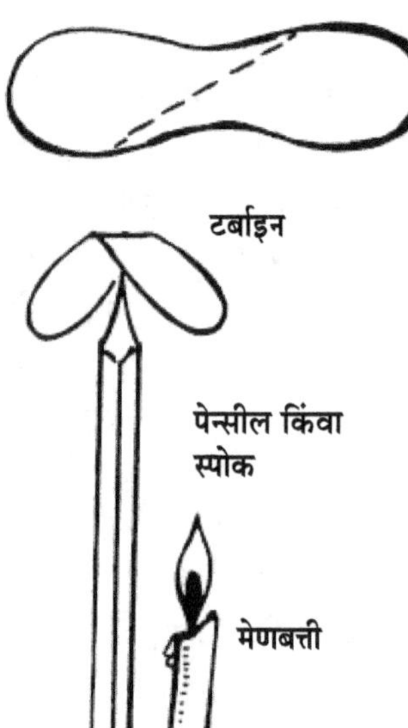

सायकलचा निकामी पण सरळ स्पोक घ्या. त्याच्या एका टोकाला कानशीने किंवा दगडाने घासून बारीक तीक्ष्ण टोक तयार करा. हे टोक वर राहील, अशा रीतीने त्याला मातीच्या ओल्या गोळ्यात उभे करा. वरच्या तीक्ष्ण टोकावर आधी तयार केलेल्या टर्बाईनचे अँप्यूल ठेवा. तीक्ष्ण टोकामुळे व अँप्यूलमुळे घर्षण कमी होते व टर्बाईन वेगाने फिरते. हे टर्बाईन फिरण्यासाठी खोलीच्या एका कोपऱ्यात त्याला ठेवा व त्याच्या खाली एक पेटलेली मेणबत्ती ठेवा. मेणबत्तीची ज्योत जास्त उंच नसावी. नाहीतर टर्बाईन जळून जाईल. थोड्याच वेळात गरम हवेचा वर जाणारा प्रवाह तयार होतो व आतले टर्बाईन मेणबत्ती संपेपर्यंत चालू राहते.

◆◆◆

५ जादूचे पाणी

कोंबडीचे ताजे अंडे जर पाण्यात सोडले, तर ते पाण्यात बुडते. जर नासके अंडे पाण्यात सोडले, तर ते पाण्यावर तरंगते, हे आपल्याला माहीत आहे. पण आपण आज ताजे अंडे पाण्याच्या मध्यभागी थांबविण्याचा प्रयोग करणार आहोत.

त्यासाठी नेहमीचे अंडे घ्या व उंच काचेच्या पेल्यात अर्धे पाणी घेऊन त्यात सोडा. ते खाली जाऊन बसेल. नंतर एका चमच्याने बारीक मीठ घेऊन पाण्यात टाका. एकामागून एक चमचे भरून मीठ टाका. मीठ पाण्यात विरघळल्यामुळे पाण्याची घनता अंड्याच्या घनतेपेक्षा जास्त होते. भौतिक शास्त्रात सांगितले आहे, की कमी घनतेचे पदार्थ जास्त घनतेच्या द्रवात तरंगतात. त्या नियमाने अंडे मिठाच्या पाण्याच्या पृष्ठभागावर येऊन तरंगू लागले. पाण्यात आणखी थोडे मीठ टाका, म्हणजे त्याची घनता आणखी वाढेल.

दुसऱ्या एका पेल्यात किंवा चंचुपात्रात साधे पाणी घेऊन पहिल्या पेल्याच्या काठाकाठाने ते पाणी आत ओता. एकदम जोराने ओतू नका. असे करत करत पेला पाण्याने पूर्ण भरा. तुम्हांला असे दिसेल, की अंडे वर न येता पूर्वी ज्या ठिकाणी होते तेथेच आहे. दुरून पाहिले असता मिठाचे पाणी व साधे पाणी एकसारखेच दिसते व पाहणाराला वाटते. की अंडे पाण्याच्या मध्यभागी कसे काय उभे आहे?

त्याचे कारण सोपे आहे. आपण जेव्हा साधे पाणी अगदी हळूहळू मिठाच्या पाण्यात ओततो, त्या वेळी त्याची घनता मिठाच्या पाण्याच्या घनतेपेक्षा कमी असल्याने ते पाणी वरच तरंगते. अंड्याची घनता साध्या पाण्यापेक्षा जास्त असल्याने साध्या पाण्याच्या तळाशी व मिठाच्या पाण्याच्या वर तरंगत राहाते, म्हणजेच ते दोन्ही पाण्यांच्या जोडावर पेल्यात मध्यभागी तरंगते. पाणी मात्र हळू टाकावे, नाहीतर दोन्ही पाण्यांचे मिश्रण होईल व अंडे सरळ वर येऊन तरंगू लागेल. म्हणून एवढी दक्षता घ्यावी.

◆◆◆

उष्णतेने पदार्थ, द्रव, धातू प्रसरण पावतात, हे तुम्हांला माहीत आहेच. ह्या प्रसरण पावण्याच्या गुणधर्माचा आपण खेळणे म्हणून उपयोग करून घेऊ. त्यासाठी खालील साहित्य जमा करावे लागेल.

साहित्य : लोखंड कापण्याची जुनी किंवा निकामी झालेली करवत, ६ सें. मी. लांबीची व २ सें. मी. रुंदीची पितळेची पातळ पट्टी, चिकणमातीचा गोळा.

कृती : ओला चिकणमातीचा घट्ट गोळा घेऊन त्याला चौकोनी ओट्याप्रमाणे किंवा साबणाच्या वडीप्रमाणे चौकोनी आकार द्या.

लोखंड कापण्याची करवत घेऊन, तिला मध्यभागी मुडपून दोन समान तुकडे करा. या करवतीचे दात एका बाजूला किंचित तिरपे असतात. हे दोन्ही तुकडे अगोदर तयार केलेल्या मातीच्या चौकोनी गोळ्यात आडवे बसवा. गोळ्यात बसविताना दाते असलेला खडबडीत भाग गोळ्याच्या वर राहिला पाहिजे. दोन्ही तुकड्यांत दीड सें.मी. अंतर ठेवावे व ते तुकडे एकमेकांना समांतर असले पाहिजेत. तसेच त्यांच्या दात्यांची तिरपी दिशा एकाच दिशेकडे यावयास हवी. आकृतीचे निरीक्षण केल्यावर हे स्पष्ट लक्षात येईल.

पितळेची पट्टी घेऊन, तिला इंग्रजी 'यू' आकाराप्रमाणे वाकवा. पट्टीच्या दोन्ही भुजा जमिनीवर ठेवून तिला उभे करा. हा आपला घोडा तयार झाला. ह्या घोड्याचे

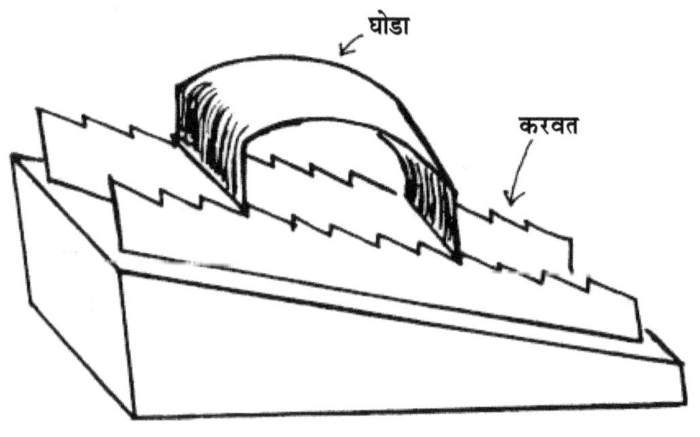

पाय किंचित मागच्या बाजूला वाकवा. नंतर हा घोडा करवतीच्या दोन पट्ट्यांवर उभा करा. ह्या वेळी करवतीचे दाते पुढील बाजूस झुकलेले हवेत; आणि घोड्याचे पाय मागील बाजूस झुकलेले पाहिजेत.

एक मेणबत्ती पेटवा व ती घोड्याच्या आत धरा. मेणबत्तीच्या ज्योतीमुळे घोड्याची आडवी बाजू गरम होते व पसरण पावते व तिची लांबी वाढते. घोड्याचे मागील पाय करवतीच्या दात्यांत घट्ट बसलेले असतात, त्यामुळे पुढील पाय प्रसरणामुळे व करवतीच्या दात्यांवर पुढे सरकतात. आता मेणबत्ती काढून घ्या. त्यामुळे पितळेचा घोडा थंड होतो व आकुंचन पावतो; पण आकुंचन पावताना पुढील पाय मागे येऊ शकत नाहीत, म्हणून मागील पाय पुढे सरकतात.

पुन्हा घोडा गरम केल्यास प्रसरण पावतो व पुढे सरकतो. अशा तऱ्हेने एकवेळ गरम, एकवेळ थंड असे लागोपाठ केल्याने घोडा हळूहळू करवतीच्या खाचांतून पुढे पुढे सरकत राहातो.

अशा प्रकारे प्रसरणामुळे काहीतरी कार्य घडून येते हे आपल्याला दिसेल व आपले एक मनोरंजक खेळणे तयार होईल.

♦♦♦

पास्कल नावाच्या शास्त्रज्ञाने असे दाखवून दिले, की बंदिस्त हवेवर किंवा द्रवावर दिलेला दाब हा सर्व बाजूंनी सारखा पसरतो. ह्याच नियमावर आधारित जलदाबयंत्राची रचना केलेली असते. कापूस दाबून त्याच्या गासड्या बांधल्या जातात. मोटार गॅरेजमध्ये ह्याच जलदाबयंत्राच्या साहाय्याने मोटारी वर उचलल्या जातात व त्यांची दुरुस्ती केली जाते. अशाच प्रकारे आपण छोटेसे जलदाब यंत्र तयार करणार आहोत.

त्यासाठी एक छोटे चंचुपात्र घ्या व त्यात, ते अर्धे भरेल, इतके पाणी घ्या. पाणी स्थिर झाल्यावर एका वाटीत मेण वितळवून त्या पाण्यावर चांगला जाड थर होईल, इतके ओता. मेणाचा थर पातळ असतानाच त्यात एक काचेची पोकळ नळी उभी धरा. तिचे खालचे टोक पाण्यात घुसलेले पाहिजे व वरचे टोक मेणाच्या थराच्या वर आलेले असावे. मेण हळूहळू थंड होऊ द्या. मेण थंड झाल्यावर पाण्याच्या वर मेणाचा दट्ट्या तयार होईल. त्याला थोडे खाली-वर दाबा, म्हणजे तो चंचुपात्रात सहज वर-खाली

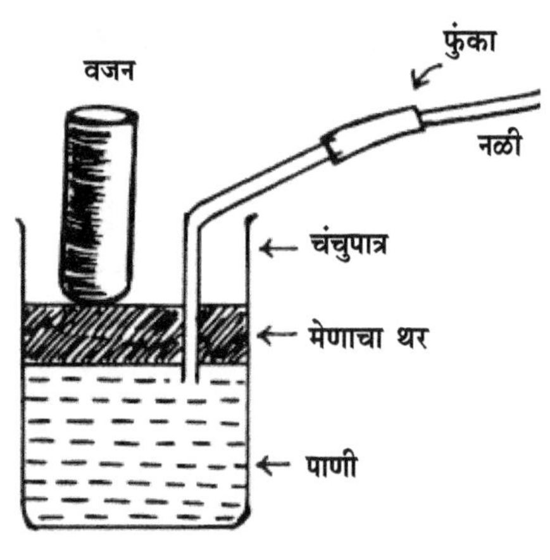

होऊ शकेल. ह्या दट्ट्यात खोचलेल्या काचेच्या नळीच्या वरच्या टोकात एक पोकळ रबरी नळी घट्ट बसवा. नळीतून हवा फुंकल्यास दट्ट्या बराच वर येईल. नळीतून हवा आत ओढल्यास दट्ट्या खाली जाईल. आता दट्ट्यावर एक वजन ठेवा व नळीतून हवा फुंका. वजनासकट दट्ट्या वर उचलला जाईल. नंतर मोठे वजन घ्या व हाच प्रयोग करा. अशा प्रकारे वजन वाढवीत वाढवीत किती मोठे वजन आपण फुंकून उचलू शकतो, ते पाहा. तुम्हांला असे दिसेल, की तुम्ही बरेच मोठे वजन केवळ तोंडाने नळीत हवा फुंकून वर उचलू शकता.

◆◆◆

पेल्याची जादू

ज्याप्रमाणे हवेचा दाब वाढला, म्हणजे त्यापासून काहीतरी कार्य घडवून आणता येते, हे आपल्याला माहीत झाले आहे, त्याचप्रमाणे हवेचा दाब कमी केला, म्हणजे त्यापासूनसुद्धा गंमत करता येते, हे आपण ह्या प्रयोगात पाहू.

साहित्य : दोन काचेचे पेले, ब्लॉटींग पेपरचा तुकडा.

कृती : एक काचेचा पेला घ्या. त्याच्या तोंडाच्या परिघापेक्षा मोठा असणारा एक ब्लॉटींग पेपर घ्या. त्याला मध्यभागी गोल छिद्र पाडा. हा कागद ओला करून पेल्याच्या तोंडावर पसरवून ठेवा. काही कागदाचे कपटे पेटवून त्या पेल्यात टाका. हे कपटे जळत असतानाच दुसरा काचेचा पेला उलटा करून ब्लॉटींग पेपरच्या वरून पहिल्या पेल्याच्या वर दाबावा. कागद विझेपर्यंत पेला दाबून धरावा. नंतर वरचा पेला धरून वर उचलावा. गंमत अशी होते, की खालचा पेलासुद्धा चिकटून वर उचलला जातो.

आता या मागचे शास्त्रीय कारण आपण पाहू. जेव्हा आपण जळते कागदाचे तुकडे पेल्यात टाकतो व त्याच वेळी उलटा पेला वरून दाबतो, त्या वेळी ह्या दोन्ही पेल्यांत असणाऱ्या हवेतील १/५ भाग ऑक्सिजन ज्वलनात खर्च होतो. दोन्ही पेल्यांच्या जोडावर ओला ब्लॉटींग पेपर असल्याने बाहेरील हवा आत येऊ शकत नाही. ऑक्सिजन खर्च झाल्यामुळे तितकी पोकळी पेल्यात तयार होते. त्यामुळे आतील हवेचा दाब वातावरणाच्या दाबापेक्षा कमी होतो. वातावरणाचा दाब जास्त असल्याने त्या दाबामुळे दोन्ही पेले एकमेकांवर जोराने दाबले जातात व चिकटतात. अशा तऱ्हेने वरचा पेला उचलला, म्हणजे खालचा पेलासुद्धा वर उचलला जातो.

◆◆◆

९   केशाकर्षणाने वजन उचलणे

दोन सपाट वस्तूंमध्ये जी बारीक पोकळी असते, त्या ठिकाणी आपोआप पाणी ओढले जाते. ह्यालाच केशाकर्षण म्हणतात. दिसावयाला ही अगदी मामुली गोष्ट आहे; पण तिच्या अंगीसुद्धा बरीच शक्ती असते, हे आपण ह्या प्रयोगाद्वारे दाखवून देऊ.

एका काचेच्या चंचुपात्रात समान व्यासाच्या ७–८ पातळ पुठ्ठ्याच्या गोल चकत्या कापून, त्या एकीवर एक अशा रचून ठेवा. ह्या चकत्यांच्या राशीवर एक वजन ठेवा. आता हे वजन वर उचलावयाचे आहे. त्यासाठी चंचुपात्रात हळूहळू पाणी ओतण्यास सुरुवात करा. वजनसुद्धा चकत्यांबरोबर वर येऊ लागेल. आहे की नाही गंमत!

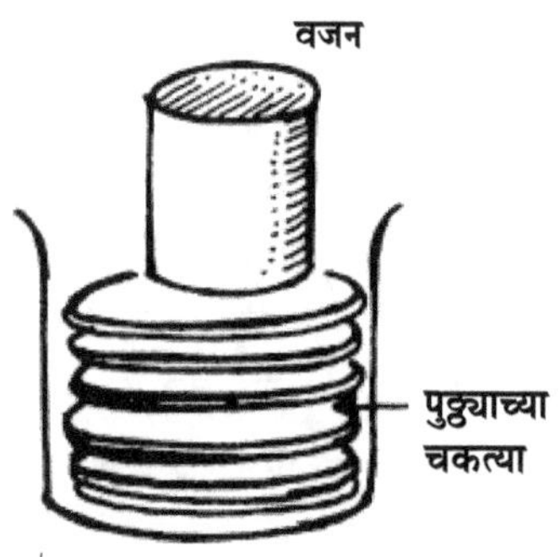

याचे कारण असे आहे, जेव्हा आपण चकत्या एकावर एक ठेवतो, त्या वेळी प्रत्येक दोन चकत्यांमध्ये पोकळी असते. पण ही पोकळी आपल्याला दिसत नाही. पण जेव्हा आपण चंचुपात्रात पाणी ओततो, त्या वेळी ह्या पोकळीत पाणी घुसते व चकत्यांमधील अंतर किंचित वाढते. प्रत्येक दोन चकत्यांमधील अंतर थोडे थोडे वाढत गेल्याने बरेच अंतर वाढते व चकत्यांवर ठेवलेले वजन जरी मोठे असले, तरी ते वर उचलले जाते.

◆◆◆

१० उष्णतेने घसरणारा पेला

उष्णतेमुळे हवा प्रसरण पावते, ह्या तत्त्वावर आधारलेला हा प्रयोग आहे. एक फ्रेमिंगची मोठी काच घ्या व तिला टेबलावर सपाट ठेवा. तिच्या एका काठाला खालच्या बाजूने एखादा लाकडी ठोकळा लावून तो भाग उंच करा. अशा तऱ्हेने तयार झालेल्या उतरणीवर एक स्टीलचा पेला उलटा ठेवा व तुमच्या मित्राला पेल्याला हात न लावता सरकविण्यास सांगा. त्याने बरेच प्रयत्न केल्यावरसुद्धा

त्याला ते शक्य होणार नाही. मग तुम्ही तुमच्या प्रयोगास सुरुवात करा.

प्रथम सपाट काच पाण्याने ओली करून घ्या. नंतर पेलासुद्धा पाण्याने ओला करा व काचेवर उलटा ठेवा. त्या वेळी काच व पेल्याचा काठ यांत पाण्याचा एक पातळ थर तयार होईल. तरीही पेला काचेवर घसरणार नाही. मग एक मेणबत्ती पेटवा व पेल्याजवळ आणा. मेणबत्तीच्या उष्णतेने पेल्यातील हवा प्रसरण पावते व ती हवा काच व पेल्याचा काठ यांमधील जागेतून बाहेर पडू लागते; व त्या ठिकाणी हवेची गादी तयार होते व पेला किंचित वर उचलला जातो व वजनामुळे तिरप्या काचेवरून खाली घसरू लागतो.

उन्हाळ्याच्या दिवसांत हा प्रयोग जर केला, तर पेल्याजवळ पेटती मेणबत्ती आणण्याची गरज नाही. त्या वेळी वातावरणातील हवाच गरम झालेली असते. त्यामुळे ओला थंड पेला काचेवर ठेवल्यावर वातावरणातील हवेमुळे लवकरच गरम होतो व त्यातील हवा प्रसरण पावून तो पेला काचेवर खालच्या बाजूला घसरू लागतो. एकदा घसरणे सुरू झाल्यावर ओल्या काचेच्या गुळगुळीत पृष्ठभागावर तो न थांबता घसरतच राहातो.

♦♦♦

पास्कलच्या नियमावर आधारित हे उपकरण आहे. एक मोठे पाण्याने भरलेले भांडे व एक लहान पाण्याने भरलेले भांडे जर एका नळीने परस्परांशी जोडली व पाण्याच्या लहान भांड्यात पाण्यावर दाब दिला, तर तो मोठ्या भांड्यात त्याच्या मोठेपणाच्या प्रमाणात वाढतो व त्याची शक्ती वाढते. ह्या शक्तीने मोठे काम करून घेता येते. ह्याच तत्त्वावर आधारित हे उपकरण आहे.

साहित्य : गरम पाण्याची रबरी पिशवी, किंवा तशीच मोठी पॉलिथिनची पिशवी, काचेची एक पोकळ नळी, पाच-सहा फूट लांबीची रबरी नळी (जी काचेच्या नळीवर पक्की बसेल, अशी), एक टिनचा डबा, पाणी, काही जाड पुस्तके.

कृती : गरम पाण्याच्या पिशवीच्या तोंडात काचेची नळी पक्की बसवा. गरम पाण्याची पिशवी मिळाली नाही, तर पॉलिथिनची तेवढी पिशवी घ्या. तिच्या उघड्या बाजूच्या तोंडात एका कोपऱ्यात काचेची नळी बसवून बाकीचा भाग गरम करून चिकटवून किंवा दोऱ्याने घट्ट बांधून घ्या. ह्या पिशवीत पाणी भरावयाचे आहे.

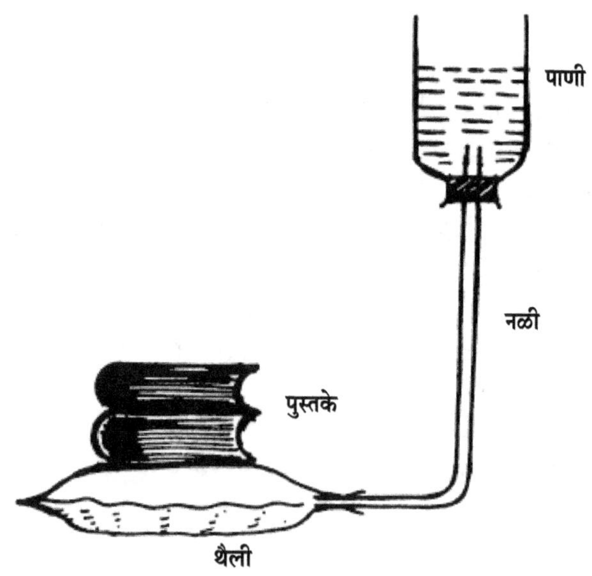

त्यामुळे नळी घट्ट बांधावी व पिशवीला कोठेही छिद्र वगैरे नसावे.

पिशवीला जोडलेल्या काचेच्या नळीचे दुसरे टोक रबरी नळीत घट्ट बसवावे. एका मोठ्या टिनाच्या डब्याला खालच्या बाजूने रबरी नळी घट्ट बसेल, एवढे गोल छिद्र पाडावे व त्यात रबरी नळी खोचून बसवावी. डब्यापासून पिशवीपर्यंत कोणत्याच ठिकाणातून पाणी पाझरणार नाही, याची खात्री करून घ्यावी.

पिशवी टेबलावर सपाट ठेवावी; व तिच्यावर तीन-चार जाडजूड पुस्तके वजन म्हणून ठेवावी. त्यानंतर डब्यात पाणी भरावे व डबा हळूहळू टेबलापासून वर उचलावा. डब्यातील पाणी नळीतून पिशवीत जाते. डबा जसजसा वर जाईल, तसतसा पिशवीत पाण्याचा व हवेचा दाब वाढतो व पिशवी फुगते. त्यामुळे पिशवीवर ठेवलेली वजनदार पुस्तकेसुद्धा वर उचलली जातात. पुन्हा डबा जसजसा खाली आणू, तसा पाण्याचा दाब कमी होतो व फुगलेली पिशवी हळूहळू चापट होते व पुस्तके खाली येतात. पुन्हा डबा वर नेल्यास पहिल्याप्रमाणेच क्रिया घडते व पुस्तके वर उचलली जातात. ही क्रिया कितीही वेळा केली, तरी असेच घडत राहाते.

अशा प्रकारे पाण्याच्या पातळीतील दाब वाढविला, म्हणजे मोठे कार्य घडवून आणता येते, हे या प्रयोगाने दाखविता येते.

♦♦♦

१२   अंड्याची जादू

रसायनशास्त्राच्या ज्ञानाचा उपयोग करून, तुमच्या मित्राला तुम्ही जादू दाखवून त्याला चकित करू शकाल. चुनखडीवर हायड्रोक्लोरिक आम्ल टाकले, म्हणजे कार्बन डाय ऑक्साईड वायू तयार होतो, हे तुम्हांला तुमच्या सरांनी सप्रयोग दाखविले असेल. नेमकी तीच क्रिया ह्या प्रयोगात घडते.

एका काचेच्या पेल्यात स्वच्छ पाणी घ्या व त्या पाण्यात एक कोंबडीचे अंडे सोडा. हे अंडे पेल्यात असलेल्या पाण्यात बुडेल. ह्या अंड्याला हात न लावता पाण्याच्या पातळीवर आणण्यास तुमच्या मित्राला सांगा. ते त्याला अनेक वेळी डोके खाजवूनसुद्धा शक्य होणार नाही. तो हरला, असे कबूल करून घेऊन, मग तुम्ही तुमचा प्रयोग सुरू करा.

एका शिशीत हायड्रोक्लोरिक आम्ल घेऊन ते हळूहळू पेल्याच्या काठ्याने पाण्यात सोडण्यास सुरुवात करा. आम्लाची अंड्याच्या टरफलावर रासायनिक क्रिया सुरू होते. (ह्या टरफलात चुनखडीचा अंश असतो) त्यामुळे कार्बन डाय ऑक्साईड वायू तयार होतो, ह्या वायूचे बुडबुडे अंड्याच्या टरफलाभोवती जमा होतात व ह्या बुडबुड्यांमुळे अंडे वर उचलले जाते; व पाण्याच्या पृष्ठभागावर येऊन तरंगू लागते.

अशा प्रकारे पाण्यातील अंड्याला हात न लावता तुम्ही अंडे वर उचलू शकता. अंडे जर उकडलेले घेतले, तर अधिक चांगले. त्यामुळे अंडे फुटण्याचा प्रश्नच येत नाही. कच्च्या अंड्यातरील टणक भाग विरघळून अंड्याच्या आतील बलक बाहेर येण्याचा संभव असतो.

◆

एक अर्धी वीट घ्या व टेबलावर ठेवा. तुमच्या मित्राला तोंडाने हवा फुंकून ती हलविण्यास सांगा. त्याने कितीही प्रयत्न केला, तरी त्याला ते जमणार नाही. मी ती वीट फुंकून, हलवूनच काय, पण वर उचलून दाखवू शकतो, हे त्याला सांगा. त्याला ते अगदी अशक्य वाटेल. पण ही अशक्य गोष्ट तुम्ही मात्र शक्य करून

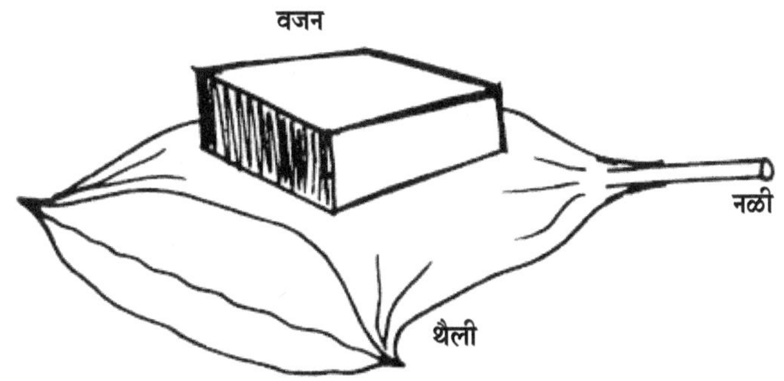

दाखवू शकाल. त्यासाठी एक रिकामी प्लॅस्टिकच्या पिशवी व बॉलपेनची रिकामी नळी हे साहित्य लागेल.

आपल्या घरात मिठाच्या, निरमा पावडरच्या रिकाम्या थैल्या असतात. थैलीचे तोंड उघडे असते. त्या रिकाम्या तोंडात बॉलपेनची नळी बसवून दोऱ्याने घट्ट आवळून घ्या. ह्या नळीतून आपण थैलीत हवा भरणार आहोत. त्यामुळे थैलीला कोठे छिद्र वगैरे नाही ना, ह्याची खात्री करून घ्या. थैलीला छिद्र असल्यास तुमचा प्रयोग यशस्वी होणार नाही.

ही पिशवी टेबलावर ठेवा. तिला लावलेल्या नळीचे टोक टेबलाच्या काठाच्या बाहेर आलेले असावे. म्हणजे त्यात हवा फुंकणे सोपे जाईल. ह्या चापट थैलीवर वीट ठेवा व नळीने थैलीत तोंडाने हवा भरणे सुरू करा. त्यामुळे थैली फुगू लागेल व तिच्यावर ठेवलेली वीटसुद्धा थैलीबरोबर वरवर उचलली जाईल.

अशा प्रकारे जी वीट तुमच्या मित्राला हलवितासुद्धा आली नाही, ती तुम्ही अगदी सहज हवेच्या दाबाने वर उचलून दाखविली. आहे की नाही, गंमत!

♦♦♦

बुवामहाराजसुद्धा आपल्याप्रमाणेच विज्ञानाचे प्रयोग करतात आणि भाविक लोकांच्या डोळ्यांत धूळ फेकून त्यांना फसवितात व आपल्याला दैवी शक्ती प्राप्त असून, तिच्या जोरावर आपण हे सर्व करू शकतो, असे लोकांना पटवितात. हे सर्व करताना मुद्दाम नारळ, कापूर, उदबत्ती, तूप, भस्म अशा पूजेच्या वस्तू वापरतात. त्यामुळे बुवाच्या अंगी खरोखरीच दैवी शक्ती असावी, असे वाटू लागते. बुवा नेहमी एक चमत्कार नेहमी दाखवितात, तो आपण करून पाहू.

त्यासाठी तुम्हांला चमचाभर पोटॅशियम परमॅंगनेट व सात-आठ थेंब ग्लिसरीन घ्यावे लागेल. जिभेला फोड आले असता आपण जे ग्लिसरीन लावतो, तेच घ्यावे लागेल. पोटॅशियम परमॅंगनेटचे गर्द जांभळ्या रंगाचे खडे असतात. त्यांना कागदावर ठेवून बारीक वाटून घ्यावे. ही बारीक केलेली भुकटी कोळशाच्या भुकटीप्रमाणे दिसते. तिला आपण आपल्या प्रयोगापुरती कोळशाची भुकटीच म्हणू. ग्लिसरीन हे पातळ तुपासारखे दिसते, म्हणून आपण त्याला तूप म्हणू. एक नारळाची शेंडी आणावी. शेंडी नाही मिळाली, तर एखादा वर्तमानपत्राचा कागद घ्यावा; पण

वातावरणनिर्मितीसाठी नारळाची शेंडी उत्तम.

आता तुमच्या मित्रांना जवळ बसवा व त्यांना सांगा, की माझ्या अंगी दैवी चमत्कार करण्याची शक्ती आली आहे. मी आता अग्नी प्रगट करू शकतो. त्यानंतर नारळाची शेंडी घ्या. तोंडातल्या तोंडात मंत्र पुटपुटा. मंत्र पुटपुटण्यासाठी अस्पष्ट असे उजळणीचे पाढे किंवा ए, बी, सी, डी म्हणा. त्यानंतर तुमच्या मित्रांना त्यात आता मी कोळशाची भुकटी टाकतो, असे सांगून तुम्ही तयार केलेली पोटॅशियम परमँगनेटची पूड टाका. पुन्हा मंत्र पुटपुटून, त्यात मी तूप टाकतो, असे सांगून ग्लिसरीनचे पाच-सहा थेंब भुकटीवर टाका. मंत्र पुटपुटणे सुरूच ठेवून नारळाची शेंडी हवेत हलवा. अशा प्रकारे थोड्याच वेळात शेंडीतून धूर निघणे सुरू होईल व एकदम जाळ तयार होईल व तुमच्या मित्रांना आश्चर्य वाटेल.

वास्तविक यात चमत्कार नसून विज्ञान आहे. पोटॅशियम परमँगनेटवर ग्लिसरीनची रासायनिक क्रिया घडून विस्तव तयार होतो.

त्याचप्रमाणे भस्म काढण्याचा प्रकार आहे. बुवा, महाराज तळहातात ॲल्युमिनियमचे नाणे दाबून धरतात व थोड्याच वेळात हातातून भस्म निघू लागते. बुवाच्या तळहाताला अगोदरच मर्क्युरी क्लोराईड नावाचा रासायनिक पदार्थ लावलेला असतो. ॲल्युमिनियमचे नाणे दाबून धरल्याने तो पदार्थ नाण्याला लागतो व त्यावर त्याची रासायनिक क्रिया घडू लागते व नाण्यापासून भस्मासारखी दिसणारी पांढरी भुकटी निघू लागते. यालाच बुवा, महाराज भस्म म्हणून म्हणून भक्तांना वाटतात.

अशा प्रकारे बुवा चमत्कार करतात. गंडे, दोरे, ताईत, अंगठ्या काढून दाखवतात. ह्या सर्व वस्तू महाराजांच्या अंगरख्याखाली रबरी दोऱ्याने बांधून लपविलेल्या असतात. जेव्हा पाहिजे, तेव्हा तो दोरा ओढून किंवा तोडून ती वस्तू महाराजांच्या मुठीत प्रगट होऊ शकेल, अशी व्यवस्था केलेली असते.

अशा प्रकारे प्रत्येक दैवी चमत्काराचा मागे विज्ञानच असते. हे आपण पक्के ध्यानात ठेवावे. काही गोष्टी आपल्याला माहीत असतात, काही माहीत नसतात. आपण त्यांना चमत्कार म्हणतात. अशी बुवाची माया असते. त्याला भाबड्या लोकांनी फसू नये.

♦♦♦

१५   पंख फडफडवणारा पक्षी

एखाद्या पदार्थाची प्रतिमा डोळ्यांत उमटली, म्हणजे तिची संवेदना आपल्या मेंदूत १/१० सेकंद टिकते; आणि ह्याच वेळी जर दुसरी प्रतिमा उमटली, तर दोन्ही प्रतिमांचा एकत्र परिणाम होऊन जी नवीन प्रतिमा तयार होते, ती पाहिल्याचा आपल्याला भास होतो. ह्यालाच शास्त्रीय भाषेत दृष्टीसातत्य असे म्हणतात. आपण जो सिनेमा पाहतो, त्या सिनेमात फिल्मवर उमटविलेली वेगवेगळ्या हालचालींची १६ ते २० स्थिर चित्रे एका सेकंदात पडद्यावर उमटविली जातात; पण त्यांचा एकत्र परिणाम म्हणून ते चित्र पडद्यावर आपल्याला हालचाल करताना दिसते.

ह्याच तत्त्वाचा उपयोग करून हे उपकरण आपण तयार करणार आहोत.

साहित्य : जुने पोस्ट कार्ड, पांढरा कागद, एक बांबूची कमटी, रंग, ब्रश.

कृती : दोन पोस्ट कार्ड घ्या. त्यांना मधोमध घडी घालून कापा. अशा प्रकारे दोन पोस्ट कार्डांचे चार तुकडे होतील. ह्या प्रत्येक तुकड्याला एका बाजूने पांढरा कागद लावा. हा पांढरा कागद डिंकाने लावला असल्यास त्याला सुकू द्या व त्यावर पंख मिटून बसलेल्या पोपटाचे चित्र काढा व त्याला रंगाने रंगवा. अगदी असेच व आकाराने तेवढेच चित्र दुसऱ्या कार्डाच्या तुकड्यावर काढा व रंगवा. अशा प्रकारे दोन तुकड्यांवर सारखेच चित्र काढले.

आता राहिलेले दोन तुकडे घ्या. ह्यांपैकी एकावर पंख उघडलेल्या त्याच पक्ष्याचे तेवढेच चित्र काढा. डोके, चोच, पोट, शेपूट, पाय अगदी पहिल्या पक्ष्याएवढेच काढा. फक्त पंख मात्र उभारलेले दाखवा. हे चित्रसुद्धा पूर्वीप्रमाणेच रंगवा.

बाजूने पाहिले असता

अशाच प्रकारचे पंख उभारलेल्या पक्ष्याचे चित्र चौथ्या तुकड्यावरसुद्धा काढ व रंगवा.

दोन चित्रे मिटलेल्या पंखांची व दोन चित्रे उभारलेल्या पंखांची तयार झाली आहेत. प्रत्येक चित्राला अगदी मधोमध आडवी घडी घालून ९० अंशाच्या कोनात वाकवा. त्यामुळे घडीच्या वरच्या बाजूला पक्ष्याचे डोके व घडीच्या खालच्या बाजूला पाय येतील. ह्या कार्डाला पाठीमागून डिंक किंवा खळ लावून दुसरा कार्डाचा तुकडा चिकटवावा. हा तुकडा चिकटविताना मिटलेल्या पंखाचा एक तुकडा, त्या नंतर उभारलेल्या पंखाचा एक तुकडा, पुन्हा मिटलेल्या पंखाचा तुकडा, पुन्हा उभारलेल्या पंखाचा तुकडा असे वर्तुळाकार तुकडे चिकटवीत जावे. असे केल्याने शेवटच्या तुकड्याचा शेवटचा भाग व पहिल्या तुकड्याचा पहिला भाग उरतो, तो एकमेकांना चिकटवून घ्यावा. अशा प्रकारे प्रत्येक दोन भागांची मिळून एक पाकळी तयार होते व चार पाकळ्यांचे उपकरण तयार होते. सर्व वाकविलेले कोपरे मध्यभागी येतात, त्या ठिकाणी किंचित पोकळ जागा राहाते. त्यात बांबूची बारीक गोल कमटी आरपार घालावी.

अशा रीतीने हे उपकरण तयार झाल्यावर बांबूची कमटी आडवी हातात धरावी व ती काडी फिरवून एक एक भाग डोळ्यांसमोर आणावा. एका भागात पंख मिटलेला पक्षी दिसेल. त्याच्या पुढच्या भागात पंख उभारलेला पक्षी दिसेल. त्यानंतर पुन्हा पंख मिटलेला पक्षी दिसेल व शेवटी पंख उभारलेला पक्षी दिसेल. आता हीच कमटी जोराने स्वत:भोवती वेगाने फिरवावी व पक्ष्याच्या चित्राकडे पाहावे. ह्या सर्व आकृत्या आळीपाळीने व वेगाने आपल्या डोळ्यांसमोरून जातात. त्यामुळे पक्षी पंख मिटताना व उघडताना दिसतो व ही क्रिया वेगाने होत असल्याने पंख फडफडवणारा पक्षी आपल्याला दिसतो.

♦♦♦

दिव्याच्या धुरकट ज्योतीवर एक चमचा धरा व त्याची काजळी चमच्यावर बसू द्या. चमचा चारही बाजूंनी संपूर्ण काळा झाला, म्हणजे त्याला एका काचेच्या पेल्यात पाणी घेऊन त्यात बुडवा. चमचा पाण्यात बुडविल्याबरोबर तो काळा न दिसता एकदम चमचम करीत चमकायला लागतो. जणू काही तो चांदीचा बनलेला आहे, असे वाटू लागते. आहे, की नाही, गंमत!

♦♦♦

फसवे डोळे

आपले डोळे आपल्याला फसवितात, हे ह्या प्रयोगात दाखविले आहे.

A) एक पारदर्शक सपाट काच घ्या. त्यावर काळ्या शाईने दोन समांतर रेषा काढा. ह्या रेषा समांतर काढताना स्केल पट्टीने त्यांच्यांतील अंतर मोजून घ्या.

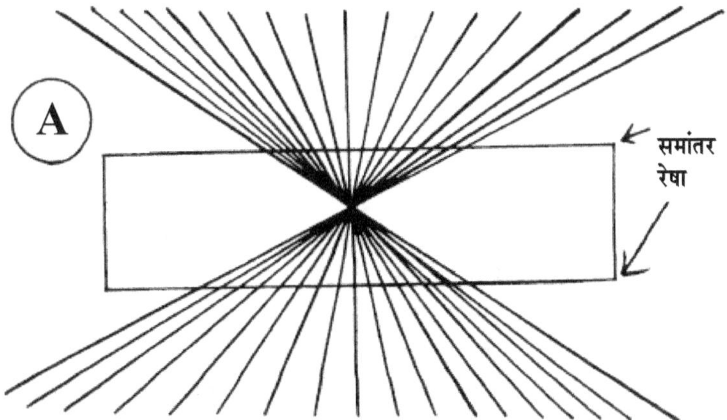

म्हणजे त्या समांतर आहेत, ह्याची तुम्हांला खात्री होईल, नंतर ही काच ह्या पुस्तकातील आकृतीवर ठेवावी. या आकृतीतील सर्व रेषा ज्या एकाच बिंदूत येऊन मिळाल्या आहेत, तो छेदन बिंदू काचेवरील दोन समांतर रेषांच्या मध्यभागी येईल, अशा पद्धतीने काच ठेवा. आता तुम्हांला काचेवरील व कागदावरील रेषा एकदम पाहता येतील. पण त्यात गंमत झालेली दिसेल. काचेवर ज्या दोन रेषा तुम्ही मोजून समांतर घेतल्या होत्या, त्या आता मध्यभागी फुगलेल्या व टोकांकडे निमुळत्या होत गेलेल्या दिसतील.

B) दुसरा प्रयोग पायऱ्यांचा आहे. पुढील चित्रात (आकृती B) पायऱ्या दाखविल्या आहेत. वरच्या टोकावरून एक ससा खाली उतरत आहे, असे दिसते. पायऱ्यांच्या खालच्या टोकाला एक मांजर उलटी दाखविली आहे. पायऱ्यांचा उतार खाली येत आहे. आता पुस्तक उलटे करून पाहा. वरच्या टोकावर मांजर दिसते व ते खाली येत आहे, असा भास होतो.

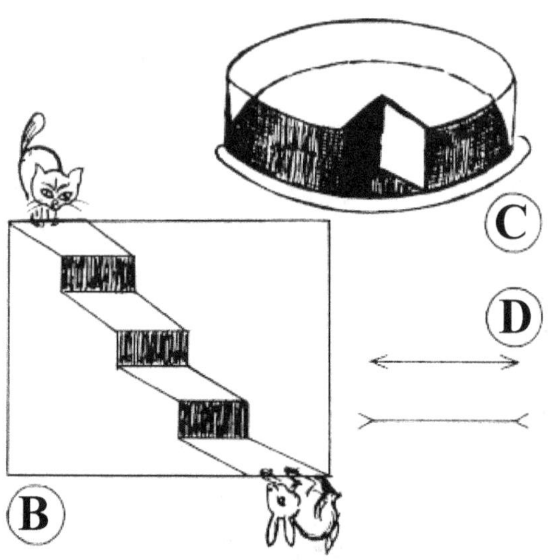

C) तिसरा प्रयोग केकचा आहे. (आकृती C) सरळ पाहिले असता केकचा एक त्रिकोणी तुकडा कोणी तरी कापलेला दिसतो. पण हाच केक उलटा करून पाहिला, म्हणजे तोच तुकडा केकच्या आतील बाजूने चिकटलेला दिसतो.

D) चवथ्या प्रयोगात दोन समान लांबीच्या रेषा काढलेल्या आहेत. (आकृती D) एका रेषेच्या टोकावर आतील बाजूस झुकलेले रेषांचे दोन कोन काढले आहेत. दुसऱ्या रेषेच्या टोकावर बाहेर बाजूस झुकलेले दोन कोन काढले आहेत. त्यामुळे

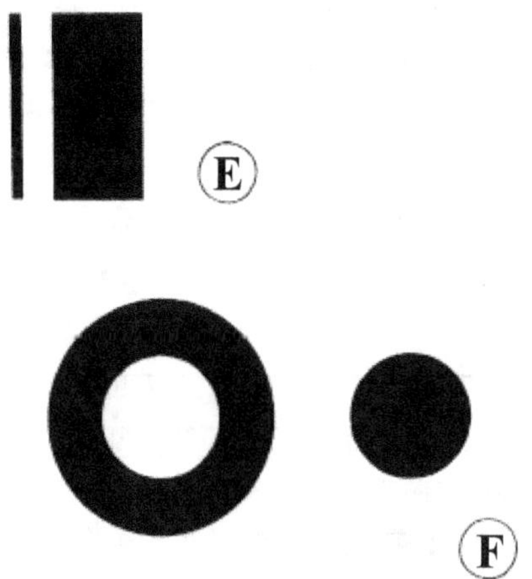

पहिली रेषा दुसऱ्या रेषेपेक्षा लांबीने कमी वाटते. पण ती कमी नाही.

E) ह्याचप्रमाणे पाचवा प्रयोग तुम्हांला करता येईल. एका कोऱ्या कागदावर दोन समान उंचीच्या रेषा जवळ जवळ काढा. (आकृती E) त्यांपैकी एक रेषा जाड करा व दुसरी तशीच राहू द्या. दुरून त्यांच्याकडे पाहिले असता बारीक रेषा जास्त उंचीची आहे, असा भास होतो. वास्तविक तसे नाही. ह्यालाच दृष्टिभ्रम असे म्हणतात.

F) ज्याची त्रिज्या समान आहे, अशी दोन वर्तुळे कागदावर काढा. त्यांपैकी एका वर्तुळाला पुन्हा बाहेरून दुसरे वर्तुळ काढा व तो भाग काळा करा. (आकृती F) आता दोन्ही वर्तुळांकडे पाहा. बारीक वर्तुळाच्या आतील पांढरा भाग मोठा दिसतो व जाड वर्तुळाच्या आतील पांढरा भाग लहान दिसतो.

♦♦♦

१८ विलक्षण सायफन

सायफनचे तत्त्व (वक्रनलिका) आपल्याला माहीत आहेच. उंच ठिकाणी ठेवलेल्या भांड्यातील द्रवपदार्थ काढण्यासाठी आपण त्यात एक पोकळ नळी ठेवतो व नळीच्या दुसऱ्या टोकाकडून हवा ओढतो. त्यामुळे वक्रनलिकेचे कार्य सुरू होते व त्या भांड्यातील द्रव खालच्या भांड्यात पडू लागतो. जोपर्यंत द्रव बाहेर पडणारे नळीचे टोक खाली असते, तोपर्यंत भांड्यातील द्रव संपेपर्यंत ही क्रिया चालू राहाते. वक्रनलिकेचे कार्य चालू राहाण्यासाठी द्रवाने भरलेले भांडे हे उंचावर असावे लागते व नळीचे टोक त्या भांड्याच्या पातळीच्या खाली असावे लागते.

आपण असे विलक्षण सायफन तयार करणार आहोत, की नळीचे टोक द्रवाच्या पातळीच्या वर जरी नेले, तरी पाणी येणे सुरूच राहील.

एक पाण्याने भरलेले मोठे भांडे घ्या व ते टेबलावर ठेवा. त्यात एक बारीक छिद्राची रबरी किंवा प्लॅस्टिकची नळी सोडा. या नळीचे एक टोक द्रवात बुडलेले पाहिजे. दुसरे टोक टेबलाच्या खाली सोडा व ते तोंडात धरून हवा आत ओढा.

त्यामुळे त्या नळीतून पाण्याचा प्रवाह खाली येऊन त्याची धार सुरू होईल. आता हे टोक हातात धरा व तेथल्या तेथे गोफणीप्रमाणे गोलमोल फिरविण्यास सुरुवात करा. त्यातून पाणी बाहेर पडणे सुरूच राहील. ही नळी फिरवीत असताना नळी धरलेला हात हळूहळू वर उचलत चला. नळी फिरविणे थांबवू नका. असे करत करत तुमचा हात पाण्याने भरलेल्या भांड्याच्या पातळीच्या बराच वर गेला, तरी नळीतून पाणी वर चढून बाहेर पडणे सुरूच राहील. मात्र नळी फिरविण्याचे काम एक क्षणभर देखील थांबायला नको. पाणी बाहेर फेकण्याची ही क्रिया भांड्यातील पाणी संपेपर्यंत चालू राहील.

जेव्हा आपण नळी गोल फिरवतो, तेव्हा त्यात केंद्रोत्सारी प्रेरणा तयार होते व नळीतील पाणी बाहेर फेकले जाते व त्याची जागा भरून काढण्यासाठी नळीतून पाणी वर चढत जाते. अशा प्रकारे ही क्रिया सारखी चालू राहाते.

♦♦♦

गतिजन्य ऊर्जेमुळे कार्य कसे घडते, ते ह्या खेळात पाहू.

उंचावरून सोडलेल्या गुलगुलीत गोटीत ही ऊर्जा तयार होते व त्यामुळे ती वळणदार नळीतून खाली न पडता वर जाऊन पुन्हा खाली येते.

ह्यासाठी काचेची गुलगुलीत गोटी घ्यावी. अशा गोट्या स्टेशनरीच्या दुकानातून

विकत घेऊन लहान मुले खेळत असतात. ह्या गोटीच्या व्यासापेक्षा बराच मोठा व्यास असलेली रबरी नळी किंवा प्लॅस्टिकची नळी घ्या. वरच्या मजल्यावर पाणी पोहोचविण्यासाठी छोट्या मोटारपंपाला जी नळी वापरतात, तशा नळीचा एक मीटर लांबीचा तुकडा घ्यावा. जुन्या नळीचा तुकडा चालेल. त्यासाठी नवीनच नळी पाहिजे, असे नाही.

ह्या नळीला उभे फाकवून सरळ नालीप्रमाणे दोन भाग करावे. नळीचा आतील भाग स्वच्छ व गुलगुलीत करून घ्यावा. तयार झालेल्या दोन भागांपैकी एकच भाग आपल्याला उपयोगात आणावयाचा आहे. ह्या नळीचे एक टोक टेबलाच्या पायाला उंच बांधावे. मधल्या भागात उलट्या 'चार' प्रमाणे गोल वाकवून दुसरे टोक जमिनीवर ठेवावे.

अशा प्रकारे तयारी झाल्यावर काचेची गोटी घेऊन वरच्या टोकाच्या नालीत सोडावी. ती नालीतून घरंगळत खाली येत असताना तिच्यात गतिजन्य ऊर्जा साठविली जाते. त्यामुळे जेव्हा ती गोल वाकविलेल्या भागाच्या पायथ्याशी येते, त्या वेळी ह्या ऊर्जेमुळे वर चढून गोल फिरून नळीच्या दुसऱ्या टोकातून जमिनीवर पोहोचते. नळीतून गोल फिरत असताना केंद्रोत्सारी बलामुळे ती नळीला चिकटून राहते. त्यामुळे तिला खालून आधार नसतानासुद्धा ती खाली पडत नाही.

♦♦♦

नाण्याला छिद्र पाडणे

ॲल्युमिनिअमच्या नाण्याला सुईच्या साहाय्याने छिद्र पाडावयाचे म्हटले, तर कदाचित जमणार नाही. सुई मोडेल किंवा वाकेल; पण छिद्र पडणार नाही. त्यासाठी सोपी युक्ती करावी.

सुईच्या किंवा टाचणीच्या लांबीइतक्या उंचीचे एक रबरी बूच घ्या. त्याच्यात वरून खाली सुई किंवा टाचणी टोचावी. बुचाच्या खालच्या बाजूकडून सुईचे टोक किंचित बाहेर आले असावे. बुचाच्या वर मात्र सुई बुचाच्या बाहेर नसावी. पण

बुचाच्या पातळीवर असावी.

हे बूच नाण्यावर ठेवून वरून हातोडीने जोराने ठोका मारावा. बूच उचलून पाहा. नाण्याला छिद्र पडलेले दिसेल.

जेव्हा आपण छिद्र पाडण्यासाठी फक्त सुई वापरतो व तिच्यावर ठोका मारतो, त्या वेळी हातोडीच्या पृष्ठभागाचा ठोका बसल्यावर सुई वाकते. पण हीच सुई जेव्हा रबरी बुचात पक्की केली जाते, त्या वेळी ती सुई बुचाचाच एक भाग बनून जाते. त्यामुळे बुचाच्या वरच्या पृष्ठभागावर बसलेला ठोका व त्याचा जोर सुईच्या खालच्या टोकात एकवटतो व ती सुई नाण्याला छिद्र पाडू शकते.

♦♦♦

थर्मोकोलची नाव

ह्या नावेचे तत्त्व न्यूटनच्या तिसऱ्या नियमावर आधारलेले आहे. ह्या नावेत एक पातळ पट्टी बसविलेली असते. ती पाणी मागे लोटत राहाते व नाव पुढे पुढे सरकत जाते.

ही तयार करण्यास सोपी असून मनोरंजकसुद्धा आहे. आकृतीत दाखविल्याप्रमाणे थर्मोकोलपासून एक नाव तयार करा. पत्र्याची नाव केली, तरी चालते. तिच्या मागच्या बाजूला दोन लांब पट्ट्या असू द्या. ह्या पट्ट्यांच्या मध्ये थोडे अंतर ठेवा. ह्या दोन पट्ट्यांना एक दुहेरी रबर बँड अडकवा. रबर बँडला मध्यभागी चापट बांबूच्या कमटीचा तुकडा दोऱ्याने बांधून घ्या. हा तुकडा किती लांब ठेवावयाचा, हे मात्र तुम्हांला प्रत्यक्ष तुकडा बांधून व नाव चालवून ठरवावे लागेल. कारण कमटीचा तुकडा आखूड असला, तर रबराला दिलेला पीळ एकदम उलगडतो व नाव थांबते. जास्त लांब असला, तर तो फिरण्यास बराच वेळ लागेल. हा तुकडा रबराला बांधल्यावर कमटी हातात धरून व नाव दुसऱ्या हाताने उचलून कमटीला उलट्या

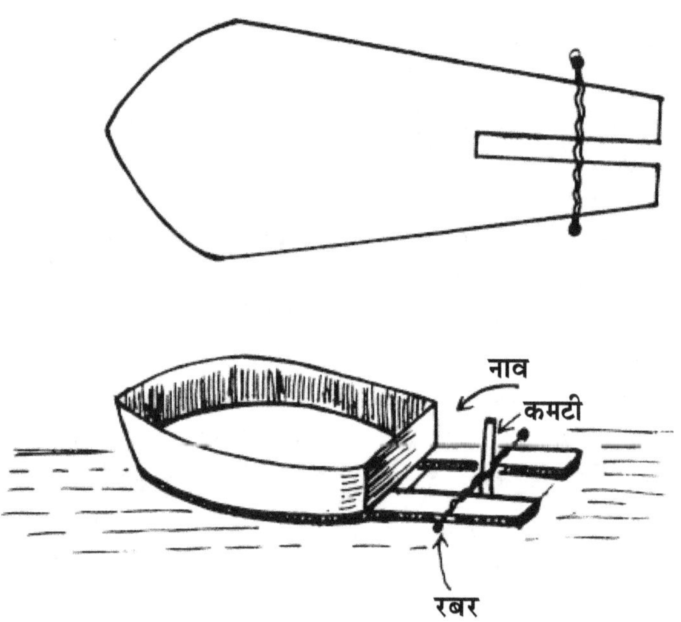

दिशेने फिरवा, म्हणजे रबराला पीळ बसत जाईल. अशा तऱ्हेने बराच पीळ दिल्यावर नाव हळूच पाण्यावर ठेवा व कमटीवरचा हात काढून घ्या. रबराला बसलेला पीळ हळूहळू उलगडू लागेल व त्याबरोबर कमटी सरळ दिशेने हळू हळू फिरू लागेल. कमटीची टोके पाण्यात बुडलेली असतात, त्यामुळे कमटीच्या फिरण्यामुळे पाणी मागे सारले जाते व नाव पाण्यात पुढे पुढे सरकत राहाते. जोपर्यंत रबराचा पीळ संपूर्ण उलगडत नाही, तोपर्यंत नाव पाण्यात पुढे पुढे जातच राहाते.

पीळ संपल्यावर पुन्हा पहिल्याप्रमाणे उलटा पीळ द्यावा व पाण्यात सोडावे.

◆◆◆

पळणारे विमान

काही पदार्थांत शक्ती भरली जाते. उदा. ताणलेली स्प्रिंग, ताणलेले रबर, इलॅस्टिक, वरून पडणारा चेंडू, वरून वाहणारे पाणी, पीळ दिलेले रबर, ह्या गोष्टींत स्थितिज किंवा गतिज ऊर्जा साठविलेली असते. अशाच ऊर्जेचा उपयोग करून आपण पळणारे विमान तयार करू.

१४ सें.मी. लांब व २ सें.मी. रुंद पत्र्याची पट्टी घ्या. ह्या पट्टीच्या टोकापासून २ सें.मी. अंतर सोडून दोन्ही टोकांकडून ती पट्टी काटकोनात वाकवा. ह्या

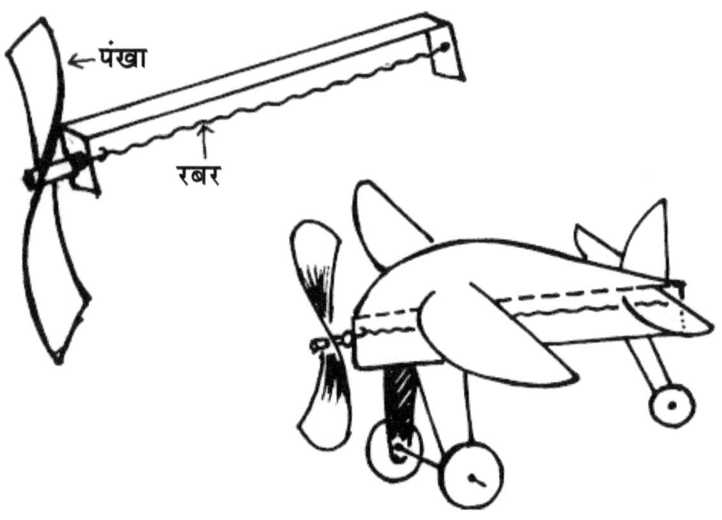

वाकविलेल्या उभ्या भागांना मध्यभागी एक एक छिद्र पाडा. ह्या दोन भागांच्या छिद्रांपैकी एका छिद्रात एक रबर बँड पक्का बांधून घ्या.

विमानाचा पंखा तयार करण्यासाठी प्लॅस्टिकच्या फुटक्या बादलीच्या वक्र पृष्ठभागापासून कैचीने एक लांबट चौकोनी पट्टी कापून घ्या. गरम पाण्याच्या भांड्यात बुडवून तिला सरळ करा. गरम पाण्यामुळे ती नरम होते व लवकर सरळ सपाट होते. त्या पट्टीचा मध्यबिंदू काढा व तेथे बारीक छिद्र पाडा. ह्या छिद्रात एक सरळ तारेचा तुकडा घट्ट बसवा. नंतर ही पट्टी पुन्हा गरम पाण्यात बुडवा व हाताने

तिच्या दोन्ही टोकांना परस्पर विरुद्ध दिशेने पीळ द्या व तसेच धरून ठेवून बाहेर काढा व त्यावर थंड पाणी ओता. थंड पाणी ओतल्यामुळे गरम असताना जो पीळ बसला होता, तो एकदम थंड झाल्याने कायम राहातो. अशा प्रकारे आपल्या विमानाचा पंखा तयार झाला. ह्या पंख्याच्या मध्यभागी आपण सरळ तारेचा तुकडा बसविला आहे, त्याचे एक टोक लांबट आहे. त्यात एक गोल काचेचा मणी ओवा व हे तारेचे टोक पूर्वी तयार केलेल्या लोखंडी पट्टीच्या दुसऱ्या छिद्रात बसवा. एका छिद्रात आपण रबर बँड बसविलेला आहे. रबर बँडचे मोकळे टोक पंख्याच्या तारेत बसवावयाचे आहे. त्यासाठी तारेच्या टोकाला गोल वाकवून त्यात रबर बँड ताणून बसवा. आपण रबर बँडला पीळ दिला व सोडले, तर पंखा फिरला पाहिजे. पंखा लोखंडी पट्टीला घासून त्याचा वेग कमी होऊ नये, म्हणून पंखा व पट्टी यांच्यामध्ये काचेचा गोल मणी अगोदरच ओवलेला आहे. अशा प्रकारे विमानाचा फिरणारा भाग तयार झाला.

थर्मोकोलपासून एक विमानाचा आकार तयार करा. ह्या विमानाला समोरच्या बाजूला दोन उंच पाय लावा व मागील बाजूस एक पाय लावा. ह्या पायांवर विमान उभे करा व आपण अगोदर तयार केलेला भाग त्या विमानाच्या पोटाला लावून पाहा. पंखा विमानाच्या समोर आला पाहिजे. हा पंखा विमान उभे असताना जमिनीला टेकावयास नको, म्हणून विमानाच्या पायांची उंची व पंख्याची लांबी तुम्ही योग्य अशी करून घ्या. थर्मोकोलच्या विमानाच्या पोटाशी वरील भाग बांधल्यावर विमानाच्या पायांना लहान लहान चाके बसवा. ह्या चाकांचा कणा म्हणून जाड सुई वापरा, म्हणजे घर्षण कमी होईल. तसेच, एक चाक मागील पायाला लावा. अशा प्रकारे आपले विमान तयार झाले.

विमान हाती धरून पंखा उलट दिशेने हळूहळू फिरवा. त्यामुळे रबर बँडला पीळ बसू लागतो. पुरेसा पीळ बसून झाल्यावर विमानाचा पंखा धरून ठेवून विमान फरशीवर ठेवा व पंखा सोडा. रबराचा पीळ जोराने उलगडतो व पंख्याला जोराची गती मिळते. त्यामुळे समोरची हवा एकदम ओढली जाते व त्या जोराने विमान वेगात पळू लागते. रबराचा पीळ जोपर्यंत उलगडत राहातो, तोपर्यंत पंखा फिरतो व विमानचे पळणे सुरू राहाते.

♦♦♦

बाजारात आपण नेहमी पाहतो. एक माणूस एका सपाट ताटात पाणी घेऊन बसलेला असतो. ताटाच्या बाजूला राशीचे खडे ठेवलेले असतात. ज्यांना आपल्या राशीचा खडा हवा असतो, तो त्यांतील एक खडा उचलतो व पाण्यात सोडतो. थोड्याच वेळात तो खडा पाण्यात फिरू लागतो. जो खडा फिरतो, तो आपल्या राशीचा खडा आहे, असे खडे विकणारा माणूस आपल्याला सांगतो. जो खडा पाण्यात टाकल्यावर फिरत नाही, तो आपल्या राशीचा खडा नाही, असे समजावे.

खडा बाजूने असा
दिसतो

खडा खालून असा
दिसतो

पाण्यात फिरणारा
खडा

फिरणारा खडा आपण विकत घेतो व अंगठीत बसवितो.

हे खडे काचेचे बनविलेले असतात. वरून गोल असतात व खालच्या बाजूने अगदी सपाट असतात. त्यांच्या सपाट पृष्ठभागावर आकृतीत दाखविल्याप्रमाणे वलय काढलेले असते. ह्या वलयामुळेच हा खडा फिरतो; पण ही गोष्ट आपल्या ध्यानात येत नाही. आपण त्याला चमत्कार समजतो व तो खडा विकत घेतो.

असा चमत्कार दाखवणारा खडा आपल्यालासुद्धा तयार करता येईल.

नरम परंतु घट्ट असा दगड निवडा. हा दगड बहुतेक लाल रंगाचा असतो. त्याला हरबऱ्याच्या डाळीप्रमाणे वरून गोल व खालून सपाट असा घासून तयार करा. त्याचा आकार शेंगदाण्यापेक्षा थोडा मोठा असावा. खालचा सपाट भाग अगदी गुळगुळीत व काचेप्रमाणे सपाट असावा. ह्या सपाट पृष्ठभागावर आकृतीत दाखविल्याप्रमाणे टोकदार खिळ्याने कोरून वलय काढा. हे वलय म्हणजे नुसती रेषा न काढता खोल काढावे. वलयाच्या आतील टोकाला थोडी टूथपेस्ट लावावी व हा खडा पाण्यात सोडावा. खडा पाण्यात टाकल्यावर टूथपेस्ट भिजते व जोराने पाण्यात विरघळू लागते. पण विरघळलेले पाणी सहज बाहेर निघू शकत नाही. कारण खड्याचा सपाट पृष्ठभाग पाण्याच्या खाली असलेल्या ताटाला टेकलेला असतो. त्यामुळे विरघळलेले पाणी बाहेर निघण्याचा एकच मार्ग असतो व तो म्हणजे सपाट पृष्ठभागावर कोरलेले वलय होय. या वलयातून विरघळलेले टूथपेस्टचे द्रावण गोल गोल फिरत खड्याच्या बाहेर पडते व त्यामुळे न्यूटनच्या तिसऱ्या गतिविषयक नियमाप्रमाणे खडा उलट दिशेने गोल गोल फिरत पाण्यात सरकू लागतो.

अशा प्रकारे हा राशीचा खडा कोणाच्याही हाताने पाण्यात टाकला, तरी फिरतो. आपल्या राशीचा व खडा फिरण्याचा काहीच संबंध नाही. काही खडे फिरत नाहीत. कारण त्यांना मुद्दाम काहीच लावलेले नसते. सर्वच खडे फिरले असते, तर फिरणाऱ्या खड्यांचे महत्त्व कमी झाले असते. म्हणून काही खडे फिरणारे असतात व काही साधे असतात.

आपल्याला खडा तयार करण्यासाठी चांगला दगड न मिळाल्यास संगजिऱ्याचा खडा किंवा मंगलोरी कौलाचा तुकडा घासून त्यापासून हा राशीचा खडा तयार करता येईल.

♦♦♦

बूमरँग तयार करण्यास अगदी सोपे आहे. ते तयार करण्यासाठी साधारण जास्त जाड नाही व जास्त पातळ नाही, असा पुठ्ठा घ्यावा व त्यापासून आकृतीत दाखविल्याप्रमाणे आकार कापून घ्यावा. हा आकार बोटाच्या चिमटीत धरून व त्याला दुसऱ्या हाताच्या बोटाच्या टिचकीने उडवावयाचे असते; पण तेच बऱ्याच जणांना जमत नाही. त्यासाठी बूमरँग उडविण्याची बंदूक कशी तयार करावी, ते पाहू.

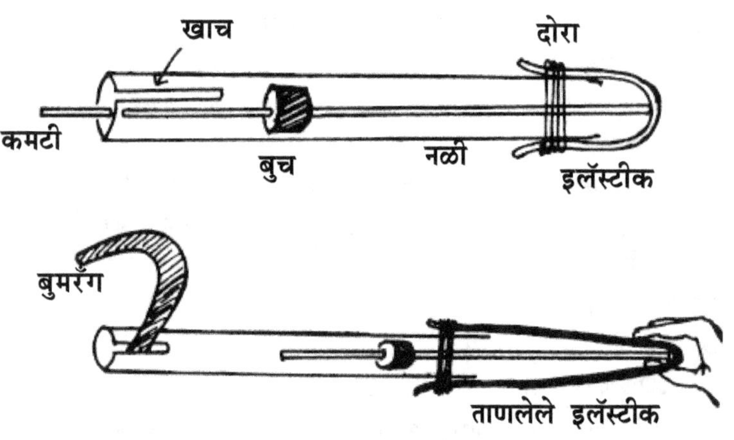

घरात विजेसाठी फिटिंग करतात, त्या प्रकारची प्लॅस्टिकची ६ इंच लांबीची नळी घ्या. ह्या नळीच्या एका टोकाला बूमरँग बसेल, अशी खाच पाडा. ह्या खाचेत बूमरँगचे एक टोक बसवावयाचे असते. ह्या नळीत सहज मागे-पुढे होईल, असे लाकडी किंवा रबरी बूच घ्या. हे बूच जाड असेल, तर त्याला चाकूने खरडून बारीक करा. एका सायकलच्या स्पोकमध्ये हे बूच ओवून घ्या. नळीच्या मागच्या टोकाला चापट इलॉस्टिक बांधा. ते कसे बांधावयाचे, ते आकृतीत दाखविलें आहें. त्याची दोन्ही टोके नळीला बांधा. हे इलॉस्टिक मागे ओढून ताणले जाते व स्पोकला पुढे जाण्यासाठी गती देते.

आता नळीत बूच बसविलेला स्पोक घाला व खाचेत बूमरँग बसवा. स्पोकचे

मागील टोक इलॅस्टिकसोबत धरून मागे ओढून ताणा. त्यामुळे इलॅस्टिक ताणले जाईल. नंतर इलॅस्टिक सोडून द्या. त्यामुळे ते एकदम आकुंचन पावेल व तिच्यात धरलेला स्पोक बाणाप्रमाणे जोराने बाहेर पडेल. बाहेर पडताना स्पोकाला लावलेल्या बुचाचा जोरदार धक्का बूमरँगच्या अडकवलेल्या टोकाला लागेल व ते त्या जोरामुळे नळीतून निसटून गोल गोल फिरत दूर जाईल व तसेच फिरत फिरत आपल्याजवळ येऊन पडेल. उडालेला स्पोक फार दूर जाऊन पडू नये, म्हणून त्याला एक बारीक पण मजबूत दोरा बांधावा. नाहीतर आपण बूमरँगकडे पाहत राहायचो व स्पोक दूर   कोठेतरी जाऊन हरवावयाचा. बूमरँग उडविताना शक्यतो हवा स्थिर असावी. जास्त जोराने हवा वाहत असेल, तर बूमरँगची दिशा बदलते व ते परत आपल्यापाशी येत नाही.

महाभारतात वापरले गेलेले श्रीकृष्णाचे सुदर्शन चक्र म्हणजे बूमरँगचाच एक प्रकार असला पाहिजे, असे बऱ्याच विद्वानांचे मत आहे. कारण ते चक्रसुद्धा शत्रूला मारून परत श्रीकृष्णाच्या हातात परत येत असे. ते चक्र फेकणारा भगवान श्रीकृष्ण देखील बूमरँग फेकण्यात वाकबगार असला पाहिजे.

♦♦♦

रबराने चालणारी नाव

रबराला पीळ दिला असता तो पीळ वेगाने उकलतो, हे तुम्ही नेहमीच पाहता. रबराच्या या गुणधर्माचा उपयोग नाव चालविण्यासाठी कसा करता येईल, ते पाहू.

पातळ पत्र्याची एक नाव तयार करून घ्या. तिच्या मागच्या बाजूला व समोरच्या बाजूला एक एक अशी दोन छिद्रे पाडा. मागच्या बाजूला छिद्रात बॉलपेनच्या नळीचा एक तुकडा आरपार बसवा. नळीचे टोक नावेच्या बाहेर आलेले असावे. समोरच्या बाजूच्या छिद्रात तारेचा हूक तयार करून बसवा. ह्या हुकालाच आपण रबर अडकवणार आहोत. हूक बसविल्यानंतर राहिलेले छिद्र मेणाने किंवा

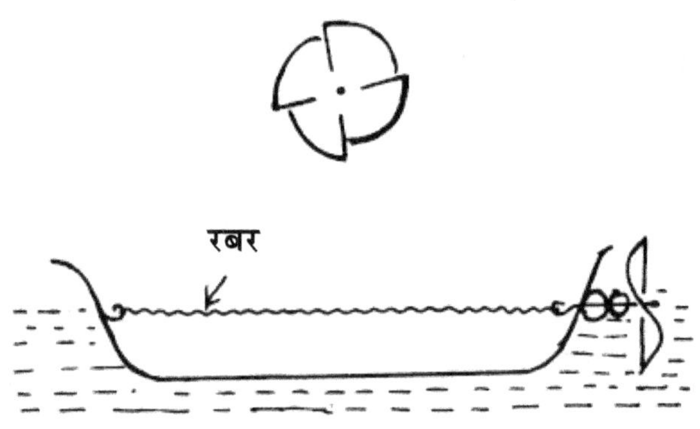

डांबराने बुजवा, म्हणजे त्यातून नावेत पाणी येणार नाही.

पत्र्याची गोल चकती कापा. तिचा आकार ५० पैशांच्या नाण्याएवढा हवा. तिच्या परिघावर चार समान अंतरावर काप द्या व ते पंख्याप्रमाणे किंचित वाकवा. ह्या चकतीच्या मध्यबिंदूच्या ठिकाणी एक बारीक छिद्र पाडा व त्यात एक तार घट्ट बसवा. ही चकती नावेच्या मागच्या बाजूला बसवायची आहे. नळीच्या दुसऱ्या टोकातून बाहेर आलेल्या तारेच्या तुकड्याला टोकावर हुकाप्रमाणे वाकवा. ह्या टोकाला रबराचे दुसरे टोक बांधायचे आहे.

बँकेत नोटांना गुंडाळण्याचे जाड रबर बँड असतात. तसा एक रबर बँड घेऊन त्याचे एक टोक नावेच्या समोरच्या बाजूला आतून तयार केलेल्या हुकाला बांधा.

रबर ताणून घेऊन, त्याचे दुसरे टोक चकतीच्या हुकाला अडकवा. अशा प्रकारे आपली नाव आता पाण्यात सोडण्यासाठी तयार झाली.

नाव हातात धरून चकती गोल गोल फिरवा. त्यामुळे रबर बँडला पीळ बसू लागेल. पुरेसा पीळ बसल्यावर चकती धरून ठेवा व नाव हळूच पाण्यात ठेवा. चकतीवरचा हात काढून घ्या. त्यामुळे रबर बँडला असलेल्या पिळामुळे चकती उलट्या दिशेने गोल गोल फिरू लागेल. तिचे पाते पंख्याप्रमाणे वाकविलेले असल्याने ती पाणी मागे सारू लागेल. पाणी मागे सारल्यामुळे नाव पुढे सरकू लागते. जोपर्यंत रबर बँडला पीळ असतो, तोपर्यंत नाव पाण्यात पुढे पुढे सरकते.

दक्षता : चकती जर एकदम फिरली, तर चकतीचा आकार मोठा करावा लागेल. चकती पाण्यात पूर्ण बुडालेली असावी. नाव जर उलटी चालत असेल, तर पीळ देण्याची दिशा उलट करावी.

♦♦♦

वाटोळे, गुळगुळीत, गोल पदार्थ उतारावर ठेवले असता ते खोलगट भागाकडे सरकत जातात. गोल डबा, चेंडू उतारावर ठेवल्यास ते उताराच्या दिशेने घरंगळत जातात, हे आपल्याला माहीत आहे. पण उताराच्या पायथ्याशी ठेवलेली वस्तू उंच भागाकडे चढत जाताना तुम्ही कधीच पाहिली नसेल. आपल्या प्रयोगात आपण तयार केलेली रिंग मात्र चढ असलेल्या उंच भागाकडे चढत जाते. मग जमवू या ना साहित्य!

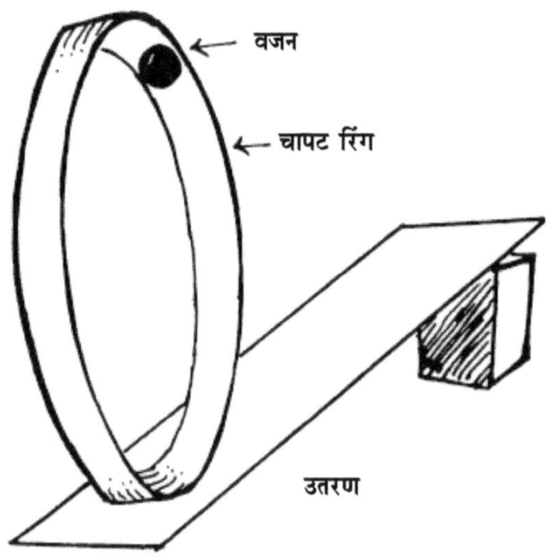

साहित्य : पातळ पत्रा, एक लोखंडी बोल्ट किंवा नट, लाकडाची सपाट पाटी.

कृती : पातळ पत्र्यापासून ३ सें.मी. रुंदीची लांब पट्टी कापा. ह्या पट्टीची दोन टोके जवळ आणून तिची रिंग तयार करा. ह्या रिंगचा व्यास २० सें.मी. तरी असावयास पाहिजे. रिंगची दोन टोके मुडपून एकमेकींत अडकवा व पक्की दाबून किंवा ठोकून जोड पक्का करा. रिंगचा परीघ वेडावाकडा असेल, तर त्याला अगदी गोलाकार गुळगुळीत करून घ्या.

ह्या रिंगचा जोड ज्या ठिकाणी आहे, तेथे खिळ्याने शेजारी शेजारी दोन छिद्रे पाडा. या छिद्रांत तार किंवा दोरा घालून रिंगच्या आतील बाजूला ह्या दोऱ्याने नटबोल्ट बांधून घ्या. नटबोल्ट ढिला ठेवू नये. तो रिंगला आतून घट्ट चिकटलेला असावा. हा नटबोल्ट किती वजनाचा असावा, हे मात्र तुम्हांला प्रत्यक्ष प्रयोग करूनच ठरवावे लागेल. ह्याप्रमाणे तुमची रिंग तयार झाली.

एक सपाट गुळगुळीत लाकडाची पेटी घेऊन ती जमिनीवर ठेवा. तिच्या एका बाजूकडून तिला एक लाकडी ठोकळा लावून उतरण तयार करा.

या उतरणीच्या खालच्या बाजूच्या टोकाशी आपण तयार केलेली रिंग उभी करा. ह्या वेळी रिंगला बांधलेला नटबोल्ट रिंगच्या वरच्या टोकाशी पण किंचित उतरणीच्या बाजूकडे झुकलेला असावा. ही कल्पना स्पष्ट होण्यासाठी कृपया आकृती पाहा. आता रिंग तशीच उभी असताना आपला हात काढून घ्या.

नटबोल्टाच्या वजनामुळे रिंगचा वरील भाग फिरत फिरत खाली येऊ लागेल. ही क्रिया घडत असतानाच रिंग उतरणीच्या उंच भागाकडे चढत जाईल. अशा प्रकारे ही क्रिया जोपर्यंत नटबोल्ट लावलेला भाग खाली येत नाही, तोपर्यंत चालू राहील. अशा प्रकारे उतरणीच्या खालच्या भागाकडून वरच्या भागाकडे ही विलक्षण रिंग चढत जाते.

♦♦♦

आज्ञाधारक चेंडू

गारुड्याकडे हा खेळ आपण नेहमीच पाहतो. एका दोरीत एक रंगीत चेंडू ओवलेला असतो. दोरीची दोन टोके हातांत वर-खाली धरून, म्हणजेच, एक टोक जमिनीकडे व दुसरे टोक आकाशाकडे ताठ धरून गारूडी चेंडूला आज्ञा करतो, 'नीचे उत्तर!', लागलीच चेंडू हळूहळू खाली सरकू लागतो. 'ठहर जा!' अशी आज्ञा करताच तो जागीच थांबतो.

आपण दुरून ही गंमत पाहत असतो. चेंडूला एका रेषेत सरळ छिद्र असताना व दोरीला गाठ वगैरे नसताना तो खाली येताना मध्येच कसा थांबतो, याचे आश्चर्य वाटते. पण असा चेंडू तुम्हीसुद्धा तयार करू शकाल व तुमच्या मित्रांना आश्चर्यचकित करू शकाल.

लिंबाच्या आकाराचा, ओल्या चिकणमातीचा गोल चेंडू तयार करा. हा गोळा वाळल्यावर त्याला भेगा पडू नये, म्हणून त्यात थोडी कापसाची रुई टाकून चांगले बारीक कुटा व नंतर त्याचा गोल चेंडू तयार करा. हा चेंडू ओला असतानाच आकृतीत दाखविल्याप्रमाणे त्याला बांबूच्या काडीने समोरासमोर दोन छिद्रे पाडावीत. ही छिद्रे

खोल करताना त्यांची आतील दिशा बदला. दोन्ही छिद्रांचा चेंडूच्या मध्यभागी साधारणपणे १२० अंशाचा कोन होईल, इतकी तिरपी असावीत व ती एकमेकांना मिळालेली असावी. म्हणजे चेंडूच्या आत एक कोनाकृती मार्ग तयार होईल. नंतर हा गोळा चांगला टणक वाळू द्या. मग त्याला ऑईल पेंटने छानपैकी रंग द्या. छिद्रे गुळगुळीत करून घ्यावीत व त्यांच्यांत एक बारीक दोरी ओवून घ्या. दोरीची दोन टोके हातांत उभी धरा. वजनामुळे चेंडू वरून खाली घसरू लागेल. चेंडूला पुन्हा वरच्या टोकाकडे सरकवून घ्या. तो खाली घसरू लागताच दोरीची दोन्ही टोके ताणून धरा. त्यामुळे चेंडूच्या आतील भागाला दोरी घट्ट चिकटते व चेंडू खाली सरकू शकत नाही. दोरी थोडी ढिली सोडताच तो पुन्हा खाली घसरू लागतो.

गारुडी ही गंमत दाखविताना आपले सर्व लक्ष चेंडूवर केंद्रित करावयास लावतो व त्याच वेळी आपल्या नकळत दोरी किंचित ढिली सोडतो किंवा तंग करतो. आपल्याला फक्त चेंडू खाली येणे व येता येता थांबणे ह्या दोनच क्रिया दिसतात व निर्जीव चेंडू गारूड्याची आज्ञा तंतोतंत पाळतो, हे पाहून नवल वाटते. मग कळले ना चेंडूच्या आतील भागाचे विज्ञान? तुम्हीसुद्धा असा चेंडू तयार करून तुमच्या मित्रांना चकित करू शकाल.

♦♦♦

तरफेच्या तत्त्वावर आधारलेले हे खेळणे आहे. तयार करण्यासा अगदी सोपे व खेळण्यासाठी मनोरंजक आहे.

साधारण जाड पुठ्ठा घेऊन त्यापासून विदूषकाचे डोके व धड तयार करा. तयार चित्र मिळाले, तर अधिक चांगले. नाहीतर तुम्हांला ते रंगाने रंगवावे लागेल. दोन हात व दोन पाय अलग अलग पुठ्ठ्यापासून कापून घ्या. हे कापलेले हात व पाय धडाच्या पुठ्ठ्याला सुईदोऱ्याने टाचून घ्या. टाचताना फक्त एकच छिद्र पाडा व त्याला हात जोडल्यावर त्यातून सुई-दोरा घाला. या दोऱ्याने अलीकडून एक व पलीकडून एक अशा गाठी मारा. बाकीचा दोरा कापून घ्यावा. याप्रमाणे धडाला दोन हात व पाय जोडल्यावर ह्या हातांच्या, पायांच्या मागच्या टोकाला दोरे बांधा. एका

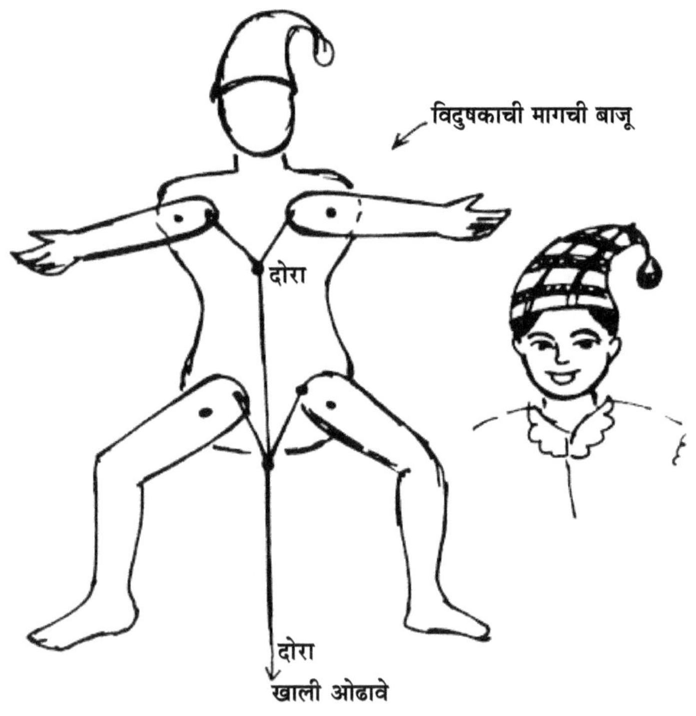

हाताचे दोरे दुसऱ्या हाताला बांधा. मात्र हात खाली लोंबते राहातील, इतके ते ढिले असावेत. त्याचप्रमाणे पायांनाही दोरे बांधावेत. याप्रमाणे एका दोऱ्याने हात व दुसऱ्या दोऱ्याने पाय जोडले जातील. नंतर ह्या आडव्या दोऱ्यांना एक उभा दोरा गाठी मारून पक्का करा व त्याचे टोक खाली लोंबते ठेवा. विदूषक हाती धरून लोंबता दोरा ओढला असता आडवे दोरे खाली ओढले जातात व विदूषकाचे हात व पाय एकदम वर जातात. हा दोरा ढिला ठेवला असता पुन्हा ते वजनाने खाली येतात. दोरे बांधलेला हा भाग विदूषकाच्या पाठीमागच्या बाजूने घ्यावा, म्हणजे दोरे दिसणार नाहीत. प्रेक्षकांना समोरून फक्त हालचाल करणारा विदूषकच दिसेल.

♦♦♦

कागदाची शक्ती

एक जुने पोस्ट कार्ड किंवा सेंच्युरी पेपरचा तुकडा घ्या. सारख्या उंचीचे दोन लाकडी ठोकळे घ्या व ते एकमेकांपासून दूर पण समांतर ठेवा. त्या ठोकळ्यावर पोस्ट कार्ड आडवे ठेवा. पोस्ट कार्डावर एक लहान वजन किंवा छोटा पेला उभा ठेवा. तुम्हांला असे दिसेल, की वजनामुळे कार्ड वाकून खाली टेकले आहे.

आता आकृतीत दाखविल्याप्रमाणे कार्डाला जवळजवळ उभ्या घड्या पाडा.

घडी पाडताना उलट सुलट घडी घाला. पुन्हा हे कार्ड लाकडी ठोकळ्यावर ठेवा व त्यावर पूर्वीचाच पेला वजन म्हणून ठेवा. आता कार्ड वाकणार नाही किंवा खाली टेकणार नाही. वाटल्यास पेल्यात पाणी टाकून त्याचे वजन वाढवा. तरीसुद्धा कार्ड वाकणार नाही. आहे, की नाही, गंमत!

याचे कारण काय असेल बरे! कार्डाला घड्या घातल्याने त्याला उभे पृष्ठभाग तयार झाले. आडवा पृष्ठभाग लवकर वाकू शकतो. पण उभा पृष्ठभाग वाकत नाही. असे अनेक पृष्ठभाग तयार झाल्यामुळे कागदाची शक्ती वाढली व तो कागद जास्त वजन ठेवले, तरी वाकला नाही.

अशाचा कागदाची एक रुंद नळी तयार केली व तिच्यावर आणखी जास्त वजन ठेवले, तरी ती ते वजन तोलू शकते. तीच नळी आडवी ठेवली, तर वजनामुळे ती चापट होऊन जाईल. कागद एकच, पण त्याचा आकार बदलला, म्हणजे त्यात कितीतरी जास्त शक्ती येते.

याबद्दल आणखी एक प्रयोग करता येईल. रिकाम्या आगपेटीचे बाहेरील झाकण जर आपल्या पायाखाली सपाट आडवे दाबले गेले, तर ते चापट होते, हे आपण नेहमीच पाहतो, पण अशीच चार झाकणे सपाट फरशीवर उभी ठेवावी त्यावर एक छोटा पाट किंवा सपाट लाकडाची फळी आडवी ठेवावी व त्यावर एक लहान मुलगा हळूच उभा केला, तरी त्याचे वजन त्या चार आगपेट्यांची झाकणे तोलू शकतात.

पाटावर लहान मुलाला उभे करताना पाट मुळीच हलू देऊ नये, नाहीतर आगपेट्या तिरप्या होतील व दबल्या जाऊन चापट होतील.

♦♦♦

पातळी दर्शक

आपण बऱ्याच वेळा गवंडी लोकांजवळ पाणसळ (स्पिरिट लेव्हल) नावाचे उपकरण पाहतो. त्या उपकरणाच्या साहाय्याने गवंडी गच्चीची किंवा फरशीची पातळी पाहत असतो. त्यामुळे त्याला पातळी कुणीकडे उंच आहे व कुणीकडे सखल आहे, हे कळते. तशाच प्रकारचे उपकरण आपल्यालासुद्धा तयार करता येईल.

त्यासाठी प्रथम पुठ्ठा घेऊन त्यावर कंपासच्या साहाय्याने ४ सें.मी. त्रिज्येचे वर्तुळ काढा व त्याला काळजीपूर्वक गोल कापून पुठ्ठ्यापासून वर्तुळ अलग काढा.

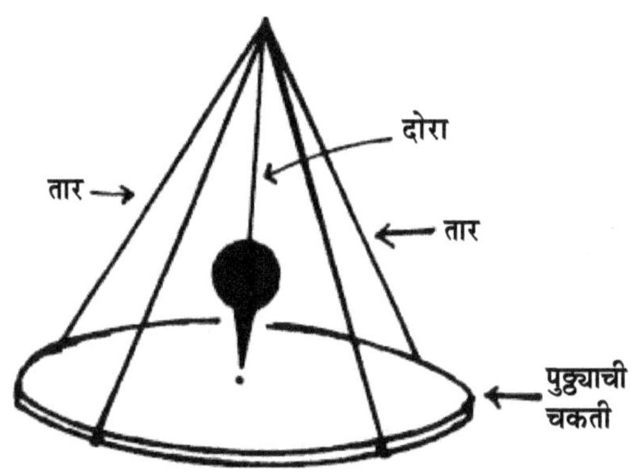

जास्त टिकाऊ उपकरण तयार करावयाचे असेल, तर हार्डबोर्ड वापरता येईल. कापलेल्या वर्तुळाचा जो मध्यबिंदू असेल, तेथे स्केचपेनने ठिपका द्या.

८ सें.मी. लांबीचे सायकलच्या निकामी स्पोकचे सरळ तुकडे घ्या. वर्तुळाच्या परिघावर केलेल्या खुणांवर चार ठिकाणी चार तुकडे खोचून उभे करा. ह्या स्पोकच्या तुकड्यांची वरच्या बाजूस असलेली चार टोके दोऱ्याने एका ठिकाणी घट्ट बांधून घ्या. म्हणजे आकृतीत दाखविल्याप्रमाणे शंकूचा आकार तयार होईल.

चिकणमातीचा एक छोट्या बोराएवढा गोळा तयार करा. त्याला खालच्या बाजूने गवताची काडी किंवा टाचणी लावा. ही टाचणी म्हणजे आपला दर्शक तयार होईल. मातीच्या गोळ्यात वरच्या बाजूने (दर्शकाच्या अगदी सरळ रेषेत) एक

बारीक दोरा घट्ट खोचा. दोऱ्याचे दुसरे टोक स्पोक ज्या ठिकाणी वर एकत्र बांधलेले आहेत, तेथे बांधा. म्हणजे मातीचा गोळा दर्शकासहीत खाली लोंबू लागेल. गोळ्याला बांधलेल्या दोऱ्याची लांबी एवढी ठेवा की, पुठ्ठ्याच्या चकतीवर लोंबणारा दर्शक चकतीला स्पर्श करणार नाही; पण चकतीच्या अगदी जवळ राहील. तो जर चकतीला टेकला, तर मोकळेपणाने फिरणार नाही व त्यामुळे आपल्याला पातळी बरोबर समजणार नाही.

आता हे उपकरण कसे वापरायचे, ते पाहू. हे उपकरण अगदी सपाट व क्षितिज-पातळीस समांतर असलेल्या पृष्ठभागावर ठेवले तर मातीच्या गोळ्याला लावलेला दर्शक चकतीच्या मध्यबिंदूवर थांबेल पण जर पातळी तिरपी असेल, तर दर्शक मध्यबिंदूवर स्थिर न होता जिकडे पातळीचा उतार आहे, तिकडे स्थिर होईल. ह्यावरून आपल्याला टेबल, घरची फरशी, गच्ची, इत्यादींची पातळी पाहता येईल.

मातीचा गोळा व संपूर्ण उपकरणास रंग दिला, तर ते अधिक टिकाऊ होऊन आकर्षक दिसेल.

♦♦♦

दिशादर्शक बाहुली

हे उपकरण मुलांप्रमाणेच शिक्षकांनासुद्धा 'शैक्षणिक साहित्य' म्हणून उपयोगी पडेल. प्राथमिक शाळेमध्ये दिशांचे ज्ञान करून देण्यासाठी आपले गुरुजी एका मुलाला उभे करतात. ज्या दिशेला सूर्य उगवतो, तिकडे तोंड करून उभे राहाण्यास सांगतात. त्यानंतर दोन्ही हात शरीराच्या दोन्ही बाजूंना ताणून आडवे करावयास लावतात. त्यानंतर माहिती सांगतात, जिकडे मुलाचे तोंड आहे, ती पूर्व दिशा, मुलाच्या पाठीमागे पश्चिम दिशा, डाव्या हाताला उत्तर व उजव्या हाताला दक्षिण, अशा दिशा दाखवितात. त्यावरून मुलांना दिशेचे ज्ञान होते.

मोकळेपणाने टांगलेला चुंबक नेहमी उत्तर-दक्षिण दिशा दाखवितो. या चुंबकीय गुणधर्माचा उपयोग ह्या उपकरणात केला आहे.

साहित्य :- एक लहान परीक्षानळी, उंच तार, एक चुंबक, एक जाड सुई, मेणबत्ती.

कृती :- जाड सुई टेबलावर आडवी ठेवून प्रबळ अशा चुंबकाच्या एका ध्रुवाने एका टोकापासून दुसऱ्या टोकापर्यंत घासत न्या. अशी क्रिया १५० वेळा केल्यावर

त्या सुईत चुंबकत्व येईल. चुंबकत्व आले, की नाही, हे पाहण्यासाठी सुईला टाचण्या चिकटवून पाहा. त्या जर चिकटल्या, तर सुईत चुंबकत्व आले, असे समजावे.

एका चिकणमातीच्या गोळ्यात एक सायकलचा स्पोक उभा करावा. त्याचे वरचे टोक घासून टोकदार केलेले असावे. त्यावर एक परीक्षानळी उलटी ठेवावी. ही परीक्षा-नळी अगदी सहज फिरली पाहिजे. ह्या नळीच्या वरच्या टोकावर चुंबकत्व आणलेली सुई आडवी ठेवावी व तिच्या मध्यावर पेटलेल्या मेणबत्तीने मेणाचा थेंब टाकावा व थंड होऊ द्यावा. त्यामुळे ती सुई परीक्षा-नळीला चिकटून बसेल. नळीचा हात काढून घ्यावा व नळी स्थिर होऊ द्यावी. स्थिर झाल्यावर सुईची दोन टोके उत्तर व दक्षिण दिशांकडे स्थिर होतील. हे आपले होकायंत्र तयार झाले.

आकृतीत दाखविल्याप्रमाणे पातळ कागदावर हात आडवे असलेल्या माणसाची आकृती काढा व ती काळजीपूर्वक कापून घ्या व ह्या परीक्षा-नळीवर चिटकवा. चिटकवताना सुईच्या उत्तर ध्रुवाकडे व दक्षिण ध्रुवाकडे आकृतीचे दोन हात आले पाहिजेत व त्याचा चेहरा पूर्वेकडे असला पाहिजे.

अशी ही दिशादर्शक बाहुली कोठेही नेली, तरी तिचे तोंड पूर्वेकडे, डावा हात उत्तरेकडे व उजवा हात दक्षिणेकडे स्थिर होतो. त्यामुळे मुलांना दिशा समजून सांगण्यास शिक्षकांनासुद्धा या उपकरणाचा चांगला उपयोग होईल.

पाण्यात तरंगत असलेल्या प्लॅस्टिकच्या झाकणात एक छोटा चुंबक ठेवला, तर ते झाकणसुद्धा दक्षिणोत्तर स्थिर होते. या चुंबकावर वरील आकृती फेव्हिकॉलने चिटकवून उभी केल्यास पाण्यात तरंगणारी दिशादर्शक बाहुली तयार होईल. यात दक्षता ही घ्यावयाची आहे, की पाण्याचे भांडे व चुंबक ठेवलेले झाकण प्लॅस्टिकचे किंवा ॲल्युमिनिअमचे असावे, लोखंडी असू नये.

♦♦♦

ह्या उपकरणात हवेची दिशा दाखविणारे व भौगोलिक उत्तर-दक्षिण दिशा दाखविणारे अशी दोन यंत्रे बसविली आहेत. हे उपकरण अगदी साधे व तयार करावयास सोपे आहे. त्यासाठी लागणारे साहित्यसुद्धा आपल्या घरातच मिळू शकेल.

साहित्य :- पातळ पुठ्ठा, कमटी, जळलेला विजेचा मोठा बल्ब, एक सुई, पाणी, काही तुकडे थर्मोकोल, एक प्रबळ चुंबक.

कृती :- प्रबळ चुंबकाने सुईला घासून तिच्यात चांगले चुंबकत्व आणा. चिंचोक्याएवढा थर्मोकोलचा तुकडा कापून तो सुईत ओवा व सुईच्या मध्यभागापर्यंत आणा.

जळलेला विजेचा बल्ब घ्या. त्याची टोपणाची बाजू काळजीपूर्वक फोडून त्यातील सर्व भाग अलग करा. बल्ब फोडताना त्याची खालची बाजू जाड फडक्यात हातात धरा व जाड खिळ्याने ठोकून त्यातील सर्व भाग बाहेर काढा. म्हणजे मोठा

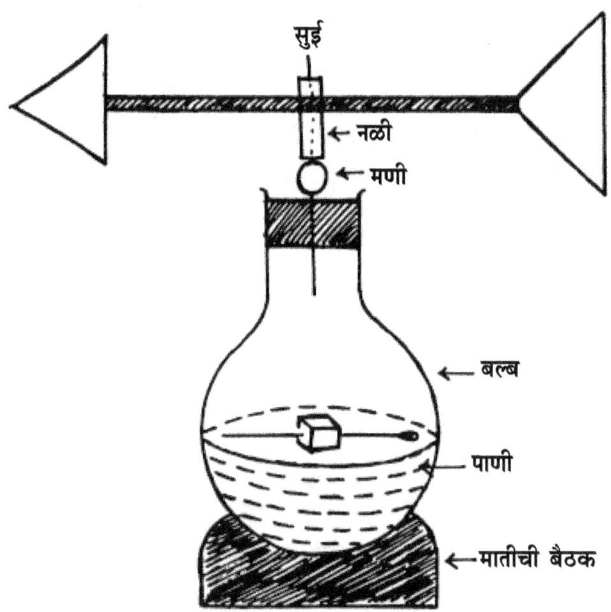

चंबू तयार होईल. या चंबूच्या तोंडात घट्ट बसेल, असे रबरी किंवा लाकडी बूच शोधा व चंबूला बसवून पाहा.

चंबूचे तोंड वर करून, त्यात चंबू अर्धे भरेल, इतके पाणी ओता. ह्या पाण्यात चुंबकत्व आणलेली व थर्मोकोलचा तुकडा बसविलेली सुई सोडा. ती पाण्यावर आडवी तरंगते व तरंगत असताना तिचे एक टोक उत्तरेकडे व दुसरे टोक दक्षिणेकडे असते. अशा प्रकारे भौगोलिक दिशा दाखविणारे होकायंत्र तयार झाले. चंबू सरळ उभा राहावा, म्हणून चिकणमातीचा ओला गोळा घेऊन त्यात चंबूचा खालचा भाग दाबून बसवा.

आता हवेची दिशा दाखविणारे यंत्र तयार करू. एक फूट लांबीची बांबूची कमटी घेऊन तिच्या मध्यभागी खूण करा. ह्या खुणेच्या ठिकाणी चाकूने चीर पाडून कमटी फाकवा. ह्या फाकलेल्या भागात बॉलपेनच्या रिफिलचा एक तुकडा उभा बसवा. कमटीच्या शेवटची दोन टोके फाकवून त्यांत एका टोकाला शेपूट व दुसऱ्या टोकाला बाण बसवा. हे बाण व शेपूट पातळ पुठ्ठयापासून तयार करता येतील.

चंबूच्या बूचाला मध्यभागी बारीक छिद्र पाडून, त्यात एक जाड सुई सरळ उभी घाला. त्या सुईत एक काचेचा गोल मणी सोडा. ह्या मण्यावरच बाणाच्या कमटीत पक्का बसविलेला रिफिलचा तुकडा सहज फिरू शकतो. ह्या रचनेमुळे घर्षण कमी होते आणि बाण व शेपूट सहज मोकळेपणाने फिरू शकतात. सुईत मणी सोडल्यावर त्या सुईत बाण बसवा व हे बूच चंबूला घट्ट बसवा, म्हणजे आपले 'टू इन वन' यंत्र तयार झाले.

हे यंत्र मातीच्या गोळ्यासकट गच्चीवर घेऊन जा. त्या ठिकाणी हवा मोकळेपणाने वाहत असते. ही हवेची दिशा आपले यंत्र दाखवील. ज्या दिशेकडे बाणाचे तोंड राहील, तिकडून हवा येत आहे, असे समजावे. कितीही जोराने हवा आली, तरी आतील चंबूत पाण्यात तरंगणाऱ्या सुईला हवा लागत नाही व दक्षिणोत्तर दिशा दाखविणारी सुई हवेचा कोणताही परिणाम न होता पाण्यात स्थिर राहाते.

अशा प्रकारे हे यंत्र भौगोलिक उत्तर दिशा दाखविते, त्याचप्रमाणे वारा वाहण्याची दिशासुद्धा दाखविते. बाणाच्या ठिकाणी सेंच्युरी पेपरची चक्री (भिंगरी) बसवली, तर हे यंत्र पाहताना आणखी गंमत वाटेल. कारण जिकडून हवा येत असते, त्याच दिशेला ही चक्री तोंड करून उभी राहाते व सारखी फिरत राहाते.

♦♦♦

साधी मोटार

विशेष परिश्रम न करता खालील पद्धतीने फिरणारी मोटार तयार करता येते व ती छान फिरतेसुद्धा. तर मग खालील साहित्य जमा करा.

साहित्य :- रेडिओच्या स्पीकरचा एक प्रबळ चुंबक, जाड वाईंडिंग वायर, एक किंवा दोन टॉर्च सेल, स्टोव्हच्या निकामी झालेल्या दोन पिना, लाकडी बैठक.

कृती :- एक इंच व्यासाच्या गोल नळकांड्याभोवती जाड वाईंडिंग वायरचे दहा वेढे घ्या. वायरचे पहिले टोक व शेवटचे टोक आकृतीत दाखविल्याप्रमाणे आसाप्रमाणे सरळ करा व त्यांना ब्लेडने घासून, त्यावरील व्हार्निश खरवडून चकचकीत करा. हा आपल्या मोटारीचा फिरणारा भाग तयार झाला.

लाकडी बैठकीवर स्टोव्हच्या निकामी पिना उभ्या करून बारीक खिळ्याने पक्क्या करा. दोन्ही पिनांना असणारी छिद्रे वरच्या टोकांकडे असावीत व ती बैठकीपासून समान उंचीवर असावीत. ह्या छिद्रांत पूर्वी तयार केलेल्या वेटोळ्याच्या आडव्या तारेची टोके बसवा.

वेटोळ्याच्या बरोबर खाली किंचित अंतर सोडून एक चुंबक ठेवा. चुंबक व वेटोळे ह्यांत जास्त अंतर नको. आता वेटोळे आसाभोवती फिरवून पाहा. ते

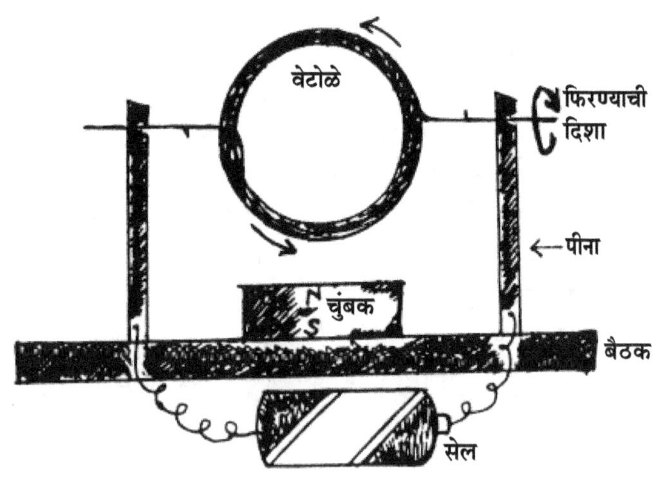

मोकळेपणाने फिरले पाहिजे.

स्टोव्हच्या पिनांच्या खालच्या टोकांना दोन वायरचे तुकडे जोडा. वायरची दुसरी टोके सेलच्या दोन टोकांना जोडा वेटोळ्याला हलकासा झोका द्या. वेटोळे त्याच्या अवतीभोवती गरगर फिरू लागेल. जोपर्यंत सेलचा प्रवाह सुरू आहे, तोपर्यंत ते सारखे फिरत राहील.

♦♦♦

विद्युत-चुंबक, टॉर्चसेल व तोडणे-जोडणे (Make and break) यांच्या साहाय्याने हा चेंडू अखंड झोका घेत राहातो. सेलचा प्रवाह बंद केल्याशिवाय किंवा मुद्दाम थांबविल्याशिवाय तो थांबत नाही.

त्यासाठी खालील साहित्य जमवावे लागेल :

१) लिंबाच्या आकाराएवढा प्लॅस्टिकचा चेंडू (टेबल टेनिसचा फुटलेला चेंडू चालेल), २) सेफ्टी पिन, ३) विद्युत-चुंबक, ४) दोन टॉर्च सेल, ५) लाकडी स्टँण्ड, ६) दोन जाड सुया, ७) एक लोखंडी बोल्ट.

कृती :- आकृतीत दाखविल्याप्रमाणे लाकडी बैठकीच्या उभ्या दांड्याला दोन सुया एकाखाली एक अशा आडव्या खोचा. वरच्या सुईत एक सेफ्टीपिन अडकवून टाका. खालची सुई सेफ्टी पिनच्या दोन तारांच्या मध्यभागी आली पाहिजे व पिन सरळ उभी असताना खालच्या सुईला टेकावयास नको. हे आपले तोडणे-जोडणे

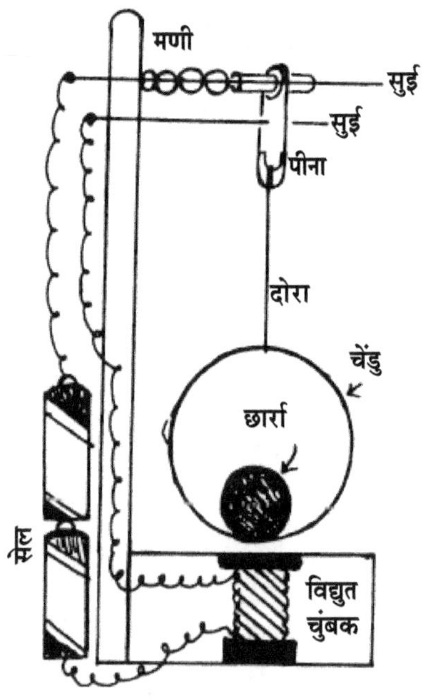

(Make and break) तंत्र आहे.

एका चेंडूला छिद्र पाडून त्याच्या आत लोखंडी बोल्ट टाका व त्याला चेंडूच्या खालच्या भागात पक्का करा. तो हलू नये, म्हणून दोऱ्याने शिवून टाका. चेंडूला वरच्या बाजूने दोरा बांधा व तो सेफ्टी पिनच्या खालच्या टोकाला लोंबता बांधा व तो स्थिर होऊ द्या. तो स्थिर झाल्यावर त्याच्या खाली किंचित अंतर सोडून विद्युत-चुंबक बैठकीवर पक्का करा. दोन सुयांना दोन वायरी जोडा. त्यांपैकी एका वायरचे टोक विद्युत-चुंबकाला व दुसरे टोक सेलच्या एका टोकाला जोडा विद्युत-चुंबकाचे दुसरे टोक सेलच्या दुसऱ्या टोकाला जोडा. अशा प्रकारे विद्युत-मंडळ तपासून पाहा. सेलमधून निघालेला प्रवाह एका सुईत जातो. ह्या सुईला सेफ्टी पिन टेकलेली असते. तिचा स्पर्श खालच्या सुईला झाला, तर तो प्रवाह दुसऱ्या सुईत जाऊन तेथून विद्युत-चुंबकात फिरून पुन्हा सेलपर्यंत परत येईल.

अगदी स्थिर अवस्थेत सेफ्टी पिन खालच्या सुईला टेकलेली नसते. चेंडूला झोका दिल्यास चेंडू चुंबकापासून दूर जातो व सेफ्टी पिन तिरपी होऊन खालच्या सुईला टेकते. त्यामुळे सर्किट पूर्ण होऊन विद्युत-चुंबक जागृत होतो व दूर गेलेला चेंडू मागे ओढला जातो. तो चुंबकाजवळ येताच सुईचा व सेफ्टी पिनचा संबंध तुटतो, त्यामुळे तो चुंबकाजवळ न थांबता दुसऱ्या दिशेकडे जातो. तेथे जाताच पुन्हा सेफ्टी पिन सुईला टेकते व सर्किट पूर्ण होऊन चुंबक जागृत होतो व चेंडूला मागे ओढतो.

अशा प्रकारे ही क्रिया सतत चालू राहाते व चेंडू सारखा मागे-पुढे झोके घेत राहातो.

◆◆◆

आपल्या विज्ञानाच्या पाठ्यपुस्तकात वीज तयार करण्यासाठी जनित्र वापरतात व हे जनित्र पाण्याच्या, वाफेच्या, हवेच्या शक्तीने फिरविले जाते, हे लिहिलेले असते. त्याचा आपण नेहमी अभ्यास करतो. हे जनित्र तयार करण्यास किचकट आहे व ते फिरविण्यास जरा जड जाते, म्हणून आपण सोपे, सहज फिरणारे व वीज तयार करणारे जनित्र तयार करून पाहू.

साहित्य :- टेपरेकॉर्डरची ६ व्होल्टची मोटार, पातळ पत्र्याची भिंगरी, सायकलचा स्पोक, १.५ चा छोटा बल्ब, वायर, लाकडी बैठक.

कृती :- टेपरेकॉर्डरमध्ये ६ व्होल्टची मोटार बसविलेली असते. काही कारणाने ती बिघडते व ती काढून दुसरी मोटार बसवावी लागते. अशा जुन्या मोटारी

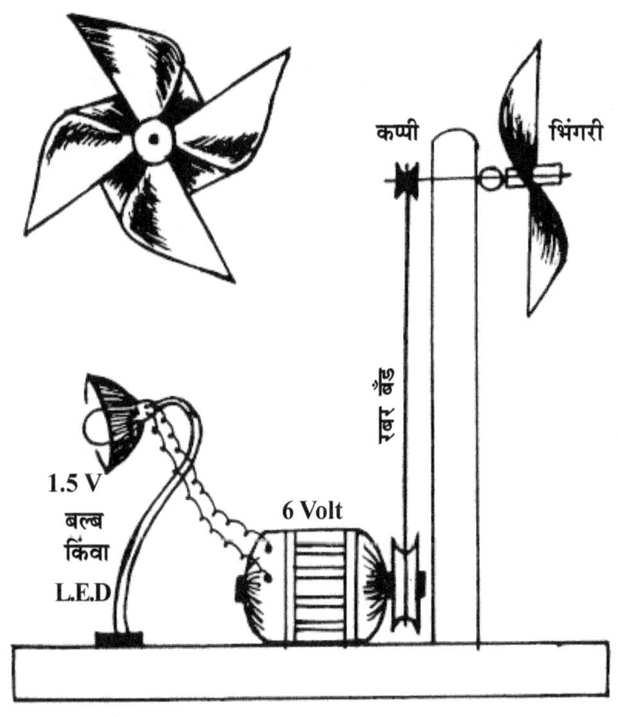

रेडिओ, टेपरेकॉर्डर दुरुस्तीच्या दुकानात अल्प किंमतीत मिळू शकतात. ह्या मोटारमध्ये एक गोल चुंबक व त्यात फिरणारे तारेचे वेटोळे असते. आणखी इतर काही भाग असतात. हे भाग आपल्या कामाचे नसतात, म्हणून ते काढून टाका. चुंबक, वेटोळे, वेटोळ्याच्या तीन पट्ट्यांना स्पर्श करणाऱ्या दोन पट्ट्या कायम राहू द्या. त्यांना शास्त्रीय भाषेत 'ब्रश' म्हणतात. ह्या 'ब्रश'ला दोन बारीक वायरी सॉल्डर करून बसवा व त्यांची टोके मोटारच्या बाहेर काढून मोटारचे झाकण बसवून घ्या. वायरच्या टोकांना चार टॉर्च सेल जोडून पाहा. मोटार जर फिरली, तर 'ब्रश' बरोबर काम करतात, असे समजावे. मोटार फिरली नाही, तर वेटोळ्यांच्या पट्ट्यांना 'ब्रश' टेकतील, असे बसवा. इतके झाले, म्हणजे आपले जनित्र तयार झाले. आता याला कसे फिरवावयाचे, ते पाहू.

पातळ पत्र्याचा एक चौरस कापून घ्या. चौरसाच्या कोपऱ्यांना कर्णाच्या दिशेने कापून भिंगरी तयार करा. ज्याप्रमाणे लहान मुले कागदाची भिंगरी तयार करतात, तीच कृती करून पत्र्याची भिंगरी तयार करा. भिंगरीची टोके डाग देऊन चिकटवा. भिंगरीला कणा (आस) म्हणून सायकलच्या स्पोकचा तुकडा वापरा. हा कणासुद्धा पत्र्याच्या भिंगरीला डाग देऊन पक्का करा. म्हणजे वाऱ्याच्या जोराने भिंगरी फिरेल व हा कणासुद्धा फिरेल. हा कणा सैल नसावा. नाहीतर भिंगरी फिरेल व कणा स्थिर राहील. तसे व्हावयास नको. भिंगरीबरोबर कणा फिरला पाहिजे. भिंगरीचा आकार जितका मोठा राहील, तितका चांगला; कारण ती हवेने फिरते व त्यामुळे मोटारसुद्धा सहज फिरते. भिंगरीचा व्यास दीड फूट तरी असावा.

ही भिंगरी आणि मोटार यांना बसविण्यासाठी बैठक तयार करावयाची आहे. बैठक जड असावी, म्हणजे भिंगरी फिरताना ती हलणार नाही. यासाठी पत्र्याचा किंवा प्लॅस्टिकचा चौकोनी डबा, ट्रे वापरावा. अडीच फूट लांबीचा व एक इंच रुंद व जाड अशी लाकडाची पट्टी घ्या. तिच्या वरच्या टोकापासून थोडे अंतर सोडून गिरमिटच्या साहाय्याने, स्पोक जाईल, एवढे छिद्र आरपार पाडा. छिद्र जास्त मोठे नसावे. ते स्पोक सहज फिरेल, असे असावे. ह्या लाकडी पट्टीचे खालचे टोक डब्यात उभे धरून त्याच्याभोवती ओली चिकणमाती दाबून भरावी व वाळू द्या. हा आपला स्टॅण्ड (बैठक) तयार झाला. उभ्या पट्टीच्या छिद्रात भिंगरीचा स्पोक बसविण्याच्या अगोदर मोठे मणी किंवा वॉशर स्पोकमध्ये ओवून घ्यावे. म्हणजे भिंगरी फिरताना ती उभ्या लाकडी पट्टीला घासणार नाही. भिंगरीचा स्पोक लाकडी पट्टीच्या छिद्रात ओवल्यावर त्याच्या मागच्या टोकाला एक 'पुली' बसवावी. ही पुली स्पोकमध्ये घट्ट बसवावी. म्हणजे स्पोकबरोबर ती पुलीसुद्धा फिरली पाहिजे. अशीच एक पुली मोटारच्या कण्याला बसवावी. अशा प्रकारच्या पुल्या प्लॅस्टिकच्या किंवा पितळेच्या असतात. त्या रेडिओच्या दुकानात मिळतात. ही मोटार आकृतीत दाखवल्याप्रमाणे खालच्या बैठकीवर पक्की बांधावी.

मात्र भिंगरीची पुली व मोटारची पुली एका रेषेत असावयास पाहिजे. ह्या दोन्ही पुल्यांवर एक जाड दोरा लावा. मोठा रबर बँड मिळाल्यास अधिक चांगले. ह्या दोर्‍यामुळे दोन पुल्या जोडल्या गेल्या. दोरा जास्त घट्ट असला, तर भिंगरी फिरणार नाही. दोरा ढिला असला, तर भिंगरी फिरेल; पण मोटार फिरणार नाही. म्हणून दोर्‍यामध्ये मोजकाच ताण असावा.

मोटारच्या दोन वायरी मोकळ्या आहेत. त्यांना एक १.५ व्होल्टचा बल्ब जोडा व आपले जनित्र आपल्या घरच्या गच्चीवर घेऊन जा. जिकडून हवा येत असेल, तिकडे भिंगरीचे तोंड करा. भिंगरी फिरू लागताच कणा फिरतो. त्यामुळे मोटारची पुली फिरते व त्यामुळे तिच्यावर बसवलेला दोरा फिरू लागतो व त्यामुळे पुली फिरू लागते व मोटारला लावलेला बल्ब प्रकाशू लागतो. जितकी जोराने भिंगरी फिरेल, तितका बल्ब जास्त प्रकाश देतो. मोटारचा वेग आणखी जास्त करावयाचा असेल, तर भिंगरीच्या कण्याला लावलेली पुली मोठ्या व्यासाची वापरावी.

मोटार फिरल्यामुळे बल्ब का लागतो, ते पाहू. जेव्हा चुंबकाच्या दोन ध्रुवांत तांब्याच्या तारेचे वेटोळे फिरविले जाते, त्या वेळी त्या वेटोळ्यात विद्युतप्रवाह तयार होतो व बल्ब लागतो. या उलट जर आपण चुंबकाच्या ध्रुवात ठेवलेल्या वेटोळ्यात विद्युतप्रवाह सोडला तर ते वेटोळे फिरू लागते. हे सर्वांत प्रथम मायकेल फॅरेडे ह्या शास्त्रज्ञाने दाखवून दिले. त्या तत्त्वावरच आधारित आजच्या विद्युतमोटारी व विद्युत-जनित्रे काम करतात.

आपल्या वरील मॉडेलमध्ये भिंगरी फिरण्याच्या यांत्रिक शक्तीचे रुपांतर मोटारच्या साहाय्याने विद्युत-शक्तीमध्ये केले आहे.

♦♦♦

दोन चुंबकांत जर सजातीय ध्रुव असले, तर ते एकमेकांना दूर लोटतात व विजातीय ध्रुव असले, तर ते परस्परांना आकर्षित करतात, हे तुम्हांला माहीत आहे. प्रत्येक चुंबकाला उत्तर व दक्षिण असे दोन ध्रुव असतात. उत्तर ध्रुव उत्तर दिशा दाखवितो, दक्षिण ध्रुव दक्षिण दिशा दाखवितो. कायम चुंबकत्व असलेल्या चुंबकाचे ध्रुव बदलता येत नाहीत. पण ज्यात तात्पुरते चुंबकत्व आणले जाते, त्याचे ध्रुव बदलता येतात. नेमक्या ह्याच तत्त्वावर हे खेळणे तयार केलेले आहे.

साहित्य :- कायम चुंबकत्व असलेला चुंबक अंदाजे ४ सें.मी. लांब, (लांबी कमीजास्त असली, तरी चालेल; पण चुंबक लांबट आकाराचा असावा.) हा चुंबक आडवा बसेल, एवढे प्लॅस्टिकच्या शिशीचे झाकण, एक लोखंडी नटबोल्ट, थोडीशी वाईंडिंग वायर, टॉर्चचे २ सेल, जाड कागदावर काढलेली बंदूकधारी जवानाची आकृती, वायर.

कृती :- प्लॅस्टिकच्या झाकणात चुंबक आडवा ठेवा. ह्या चुंबकावर जवानाची आकृती फेव्हिकॉलने चिकटवून उभी करा. त्यानंतर हे झाकण उचलून पसरट

पाण्याच्या भांड्यात पाण्यावर तरंगत ठेवा. ते पाण्यावर तरंगणे आवश्यक आहे. ते जर बुडत असेल, तर झाकण बदलून उंच काठाचे झाकण घ्या.

एका नटबोल्टवर कागद गुंडाळून त्यावर वाईंडिंग वायरचे साधारणपणे १५० वेढे द्या. म्हणजे विद्युतचुंबक तयार होईल. विद्युत-चुंबकाच्या दोन तारांना सेल जोडून त्यात चुंबकत्व येते, की नाही, ते पाहा. विद्युत चुंबक तयार करण्याची रीत याच पुस्तकात दिली आहे. ती पाहा.

जवान ठेवलेल्या झाकणापेक्षा व्यासाने किंचित मोठे असलेले अॅल्युमिनिअम, प्लॅस्टिक, काच यांपैकी कोणत्याही धातूचे भांडे किंवा डबा घ्या व त्यात पाणी भरा. त्या पाण्यावर जवानाचे झाकण तरंगत ठेवा. ते त्या भांड्यात मोकळेपणाने फिरले पाहिजे. थोड्या वेळाने ते दक्षिणोत्तर स्थिर होईल. त्याच्या दक्षिणेकडच्या बाजूला पाण्याच्या बाहेरील भांड्याला लागून विद्युतचुंबक ठेवा. ह्या विद्युत चुंबकाच्या वायरची दोन टोके सेलला जोडा. विद्युतचुंबकात जर भांड्याकडच्या टोकात उत्तर ध्रुव तयार झाला, तर जवान जसा आहे तसाच उभा राहील. सेलला लावलेल्या दोन वायरी उलट सुलट करा. त्यामुळे चुंबकाच्या टोकात दक्षिण ध्रुव तयार होईल. त्यामुळे जवानाच्या चुंबकात व विद्युत-चुंबकात प्रतिकर्षण (दूर सारण्याची क्रिया) होईल व जवान एकदम विरुद्ध दिशेला तोंड फिरवून उभा होईल. सेलच्या वायरी दूर केल्यास विद्युत-चुंबकातील चुंबकत्व नाहीसे होईल, त्यामुळे प्रतिकर्षण नष्ट झाल्याने जवानाचा चुंबक त्याच्या गुणधर्मांमुळे परत मूळ स्थितीत. येईल. पुन्हा सेलला वायर जोडल्यास परत तो विरुद्ध दिशेला बंदूक ताणून उभा राहील.

अशा प्रकारे ही क्रिया कितीही वेळा करता येईल, प्रयोग दाखविताना सेल दिसणार नाही, असे ठेवावे. त्यामुळे थोड्याशा आवाजाने आपला जवान कसा सावध होतो, हे तुमच्या मित्रांना दाखविता येईल.

♦♦♦

मजेदार कुत्रा

एका जाड पुठ्ठ्यावर काढलेला कुत्रा तोंड व शेपूट हलवून भुंकण्याची कृती करतो. मात्र भुंकण्याचा आवाज तुम्हांला काढावा लागणार आहे.

साहित्य : एक साधारण जाड पण गुळगुळीत पुठ्ठा, (गुळगुळीत पुठ्ठा न मिळाल्यास साध्या पुठ्ठ्याला दोन्ही बाजूंनी पांढरा सेंच्युरी पेपर फेव्हिकॉलने चिकटवून घ्यावा.) रंगविण्याचे साहित्य, सुई, दोरा, एक लहान पण जाड लोखंडी खिळा, छोट्या नटबोल्टचा तयार केलेला विद्युत-चुंबक, वायर, दोन टॉर्च सेल.

कृती : जमिनीवर बसलेला कुत्रा पुठ्ठ्यावर काढा. आकृती काढताना डोके, धड, शेपूट अलग अलग काढून कापून काढा. कुत्र्याची मान व शेपूट थोडे लांब ठेवा.

एका लाकडी चौकोनी ठोकळ्याला कुत्र्याच्या धडाचा आकार बारीक खिळ्याने ठोकून घ्यावा. आकृतीत खूण केलेल्या ठिकाणी कुत्र्याच्या मानेला व शेपटाच्या

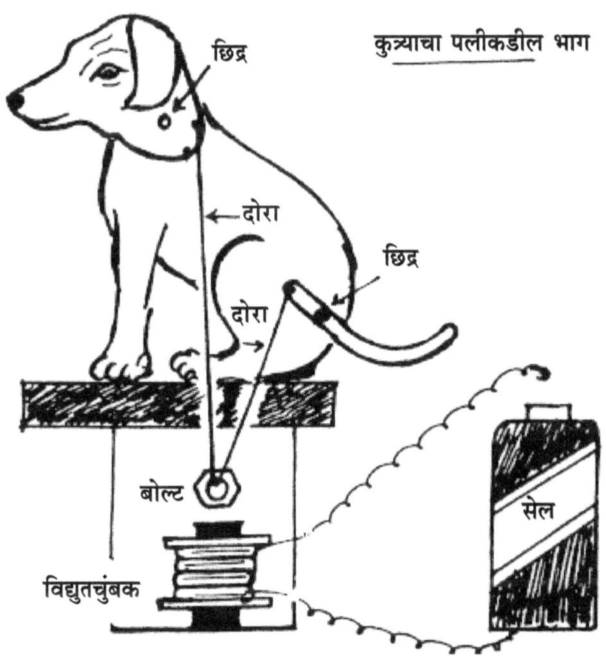

आतील टोकाला दोरे बांधा. ह्या दोऱ्यापासून थोड्या अंतरावर एक एक छिद्र पाडा. हे डोके व शेपूट धडाला लावून डोक्याचे व शेपटाचे छिद्र जेथे येते, तेथे धडाच्या पुठ्ठ्याला छिद्र पाडून, तेथे दोन्ही बाजूंनी दोऱ्याने बांधून टाका. दोरा किंचित ढिला असावा, म्हणजे त्यांची हालचाल सहज होईल. याच तऱ्हेने शेपूट शिवून घ्या, म्हणजे जमिनीवर बसलेला कुत्रा तयार होईल.

ह्या कुत्र्याच्या डोक्याची व शेपटाची हालचाल कशी करावी, ते पाहू. डोक्याच्या मानेला व शेपटाच्या आतील टोकाला बांधलेले दोरे एका ठिकाणी एकत्र करा. त्या ठिकाणी जाड पण आखूड लोखंडी खिळा बांधा. दोरे व खिळा कुत्र्याच्या पलीकडच्या बाजूला असल्याने समोरून दिसणार नाहीत. खिळा स्थिर झाल्यावर त्याच्या किंचित खाली विद्युत-चुंबक पक्का करा. विद्युत-चुंबकाची एक वायर सेलच्या खालच्या टोकाला जोडा. दुसरे टोक हाती धरून सेलच्या वरच्या टोकावर दाबा. त्याबरोबर विद्युत-चुंबकात चुंबकत्व येईल व लोखंडी खिळा खाली ओढला जाईल. त्यामुळे दोरे ताणले जातील व कुत्र्याचे डोके व शेपूट वर उचलले जाईल. सेलपासून वायर दूर केल्यावर विद्युत चुंबकात वाहणारा विद्युत-प्रवाह बंद होतो व त्यातील चुंबकत्व नाहीसे होते. त्यामुळे त्याला चिकटलेला खिळा वर जातो. दोरे ढिले झाल्याने कुत्र्याचे शेपूट व डोके खाली येईल. अशा प्रकारे सेलवर वायर टेकवून व काढून कुत्र्याची हालचाल सुरू ठेवता येईल.

डोक्याला व शेपटाला बांधलेले दोरे किती लांब ठेवायचे आणि त्यांना बांधलेला लोखंडी खिळा किती जड असावा, हे मात्र प्रत्यक्ष प्रयोग करूनच ठरवावे लागेल. खिळा जास्त जड असला, तर तो खालीच राहील, वर जाणार नाही. त्यामुळे कुत्र्याची हालचाल होणार नाही.

◆◆◆

फिरणारे मासे

चुंबकाकडे लोखंड ओढले जाते, म्हणून त्याला लोहचुंबक असे म्हणतात. चुंबकाच्या लोखंडाला आकर्षित करणाऱ्या ह्या गुणधर्माचा उपयोग आपण पाण्यात मासे फिरविण्यासाठी करून घेऊ.

एका लाकडी ठोकळ्यावर एक मोठी सुई उभी खोचून घ्या. ह्या सुईत एक गोल काचेचा मणी ओवा. एक प्लॅस्टिकचे झाकण घेऊन त्याला मध्यभागी एक छिद्र पाडा. ह्या छिद्रात बॉलपेनच्या रिफिलचा ३ सें.मी. लांबीचा तुकडा बसवा व झाकणासहित ही नळी सुईत ओवा. काचेच्या गोल मण्यावर हे झाकण कुंभाराच्या चाकाप्रमाणे सुईच्या भोवती गोल फिरेल. गोल मण्यामुळे त्याचे फिरण्याचे घर्षण कमी होईल. ह्या झाकणाच्या एका काठावर एक छोटा पण प्रबळ चुंबक पक्का करा. ऑफिसमध्ये टाचण्या ठेवण्याचा जो डबा असतो, त्याच्या झाकणाला अशा गोल चुंबक-वड्या लावलेल्या असतात किंवा लोखंडी कपाटाला चिकटविण्यासाठी देवांचे पत्र्याचे फोटो असतात, त्यांच्या पाठीमागच्या बाजूला असे चुंबक असतात. ते वापरून हे चुंबक-चक्र तयार करता येईल.

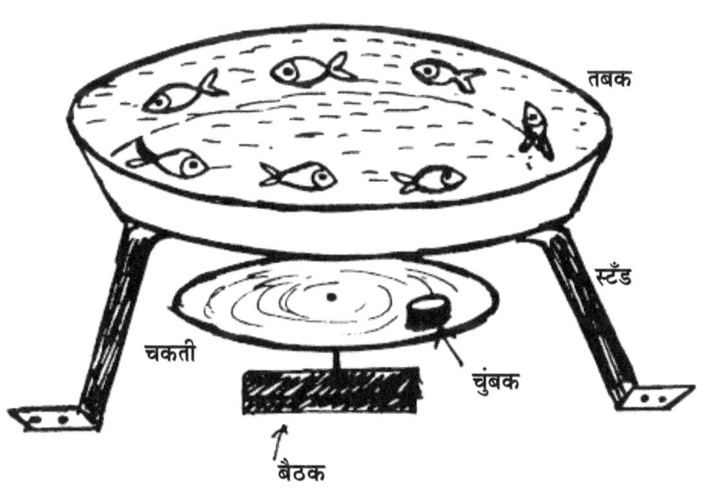

एका पितळेच्या किंवा ॲल्युमिनिअमच्या ताटात पाणी घ्या. थर्मोकोलच्या तुकड्यांपासून लहान लहान माशांचे आकार कापून घ्या. प्रत्येक आकाराला खालच्या बाजूने एक बारीक खिळा बसवा व हे मासे पाण्यात सोडा. ते पाण्यावर तरंगू लागतील. तीन विटा गोलाकार ठेवून त्यांवर पाण्याने भरलेले ताट ठेवा. ह्या ताटाखाली आपण अगोदर तयार केलेले चुंबक-चक्र ठेवा व बोटाने चुंबकचक्राला गती द्या. चुंबक गोल गोल फिरत असताना पाण्यावर तरंगणाऱ्या खिळे लावलेल्या माशांना आकर्षित करतो व तेसुद्धा पाण्याच्या पृष्ठभागावर गोल गोल फिरू लागतात.

माशांच्या ऐवजी छोट्या होड्या पाण्यावर सोडल्या, तरी चालतील; पण प्रत्येक होडीला खालच्या बाजूने लोखंडी खिळा लावण्यास विसरू नका.

♦♦♦

३९   नालाकार विद्युत-चुंबक तयार करणे

'वैज्ञानिक खेळणी' या पुस्तकात आपण नटबोल्टापासून विद्युत-चुंबक कसा तयार करावा, याची माहिती पाहिली. बऱ्याच वेळा नालाकृती विद्युत-चुंबकाचे प्रयोगात काम पडते. कारण याचे ध्रुव जवळ जवळ असल्याने त्यांची आकर्षण शक्ती जास्त असते. हा चुंबक तयार करण्यासाठी वाईंडिंग वायर व नरम गजाचा लोखंडी तुकडा एवढेच साहित्य लागते.

कृती :- प्रथम नरम लोखंडाचा गजाचा १५ सें.मी. लांबीचा तुकडा घ्या व त्याला इंग्रजी 'यू' प्रमाणे वाकवा. ही वाकविण्याची क्रिया मात्र घरी करता येणार नाही. त्यासाठी वर्कशॉपमधून त्याचा सुबक आकार वाकवून आणता येईल. ह्या आकाराला दोन भुजा असतात. त्या दोन्ही भुजांवर कागदाचे दोन वेढे देऊन तो डिंकाने चिकटवा. ह्या कागदी वेढ्यांमुळे वाईंडिंग वायरचा लोखंडी गजाला स्पर्श होत नाही व शॉर्ट सर्किट होत नाही.

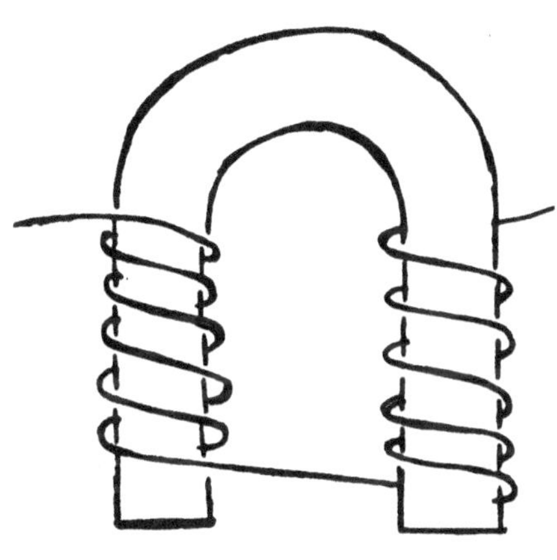

गजाच्या एका भुजेवर घड्याळाच्या काट्यांच्या दिशेने वाईंडिंग वायरचे १५० वेढे द्या. वायर न तोडता दुसऱ्या भुजेवर घड्याळाच्या काट्यांच्या उलट्या दिशेने १५० वेढे द्या. वेढे उलगडू नयेत, म्हणून त्यावर चिकटपट्टी लावा. वायरचे पहिले व शेवटचे टोक ब्लेडने घासून चकचकीत करा व टॉर्च सेलला दोन्ही टोके वर–खाली जोडा. त्यामुळे वायरमधून विद्युतप्रवाह फिरू लागतो व गजांच्या दोन्ही भुजांमध्ये प्रबल चुंबकत्व निर्माण होते व जोपर्यंत विजेचा प्रवाह सुरू आहे, तोपर्यंत चुंबकत्व कायम राहाते. मात्र हा प्रयोग फक्त टॉर्च सेलवरच करावा.

♦♦♦

४० तुझं माझं जमेना! तुझ्यावाचून करमेना!

एका चुंबकाला दोन ध्रुव असतात. एक उत्तर ध्रुव व दुसरा दक्षिण ध्रुव. असे दोन चुंबक जवळ आणले, तर काय गंमत होते, ते पाहू.

एक चुंबक टेबलावर ठेवा व त्याच्या उत्तर ध्रुवाजवळ दुसऱ्या चुंबकाचा उत्तर ध्रुव आणा. हे दोन ध्रुव जवळ येत नाहीत व एकमेकांना दूर लोटतात. टेबलावरील चुंबक तसाच ठेवून हातातील चुंबकाचा दक्षिण ध्रुव जवळ आणा. आता दुरूनच ते एकमेकांना ओढतात व पक्के चिकटतात. याचा अर्थ असा, की सजातीय ध्रुव एकमेकांना दूर लोटतात व विजातीय ध्रुव आकर्षित करतात. नेमक्या ह्याच गुणधर्मांचा उपयोग करून हे उपकरण तयार केले आहे.

दोन फ्यूज झालेले बल्ब घ्या. त्यांच्या वरील टोपणाला छिद्र पाडून आतील सर्व भाग काढून टाका. म्हणजे त्यांचे दोन चंबू तयार होतील. ह्या चंबूच्या तोंडातून आत जाऊ शकतील, असे दोन लांबट चुंबक मिळवा. एका चंबूत थोडीशी रेती

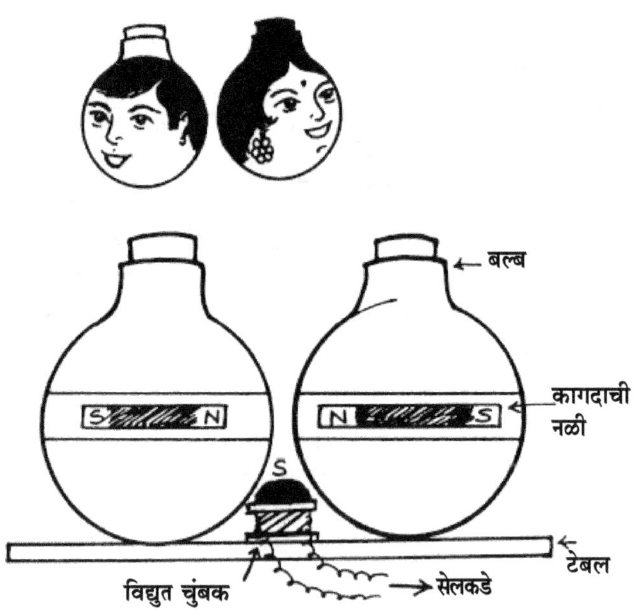

टाकून त्यावर चुंबक अलगद सोडा. चंबू हलवून चुंबक आडवा राहील, असे करा. किंवा एका कागदाच्या पुंगळीत चुंबक गुंडाळून ती चंबूत सोडा व नंतर एका तारेने ती पुंगळी चंबूत आडवी करा. पुंगळी बांधण्याचे कारण म्हणजे नुसता चुंबक जर आत सोडला, तर बल्ब फुटण्याचा संभव असतो. कागदी पुंगळीला थोडा डिंक लावला, तर ती पुंगळी बल्बला आतून चिकटून बसते व तिच्यात नंतर बदल होत नाही. अशा प्रकारे दोन्ही चंबूत दोन चुंबक बसवून घ्या. हे चंबू शेजारी शेजारी टेबलावर ठेवा. त्यांच्या बाजू एकमेकांना चिकटतात, ते पाहा. ज्या बाजू एकमेकांना दूर लोटतात, ते पाहा. परस्परांना ज्या बाजू दूर लोटतात, त्याच्या दोन्ही चंबूवर खुणा करा. ह्याच महत्त्वाच्या बाजू आहेत. ह्या खुणा लक्षात ठेवून एका चंबूवर पुरुषाच्या चेहऱ्याचे व दुसऱ्यावर बाईच्या चेहऱ्याचे चित्र काढा. हे ऑईल पेंटने काढता येईल. तुम्हांला ज्याने शक्य होईल, त्याने काढा किंवा एखादे चित्र जर सापडले, तर ते कापून चिकटवा. दोन्ही चेहरे जवळ आणून पाहा. ते जवळ येणार नाहीत. पण एकाच्या डोक्याचा मागील व दुसऱ्याचा चेहरा चिकटतील.

आता यांचे भांडण कसे लागते, ते पाहू. लाकडी टेबलावर दोन्ही चेहरे समोरासमोर येणारच नाहीत. ते जसे उभे राहातील, तसे राहू द्या. ह्या दोन चंबूंच्या मध्यभागी एक विद्युत-चुंबक टेबलावर उभा करा. त्याच्या दोन वायरी सेलला जोडा. त्यामुळे त्यांत चुंबकत्व येते. त्याचा वरील ध्रुव व चेहऱ्याचे दोन ध्रुव जर विजातीय असले, तर दोन्ही चंबू एकमेकांकडे तोंड करून राहातील. कारण विद्युत-चुंबकाचा विजातीय ध्रुव त्या दोन ध्रुवांना धरून ठेवतो. समजा, ह्या बाहुल्या बोलता बोलता एकमेकांशी भांडल्या व त्यांनी अबोला धरला, तर त्या एकमेकींकडे पाठ फिरवून उभ्या राहातील. त्यांनी तोंड फिरविण्यासाठी आपण फक्त सेलला जोडलेल्या दोन वायरींची फक्त अदलाबदल करावी. त्यामुळे विद्युत-चुंबकाचा ध्रुव बदलून तिन्ही ध्रुव सजातीय होतील व एकमेकांना दूर लोटतील. विद्युत-चुंबकाचा ध्रुव स्थिर आहे. मग चंबूच गोल फिरतील व एकमेकांकडे पाठ करून स्थिर होतील. अबोला संपून त्यांना बोलते करण्यासाठी पुन्हा वायरची अदलाबदल करावी.

हा प्रयोग दाखविताना आपण तोंडाने त्यांचे भांडण व अबोला यांबद्दल माहिती सांगत जावी व वायरींची अदलाबदल करीत राहावे. म्हणजे पाहणारांना आणखी मजा वाटेल.

♦♦♦

उन्हाळ्यात आपल्या घरातील हवेचे तापमान वाढले, म्हणजे आपल्याला पंख्याच्या हवेची आवश्यकता भासते. अशा वेळी आपोआप सुरू होणारा पंखा आपण तयार करू. ज्या वेळी तापमान कमी होईल, त्या वेळी हा पंखा आपोआप बंद होईल.

साहित्य : २०० वॅटचा निकामी बल्ब, फुग्याचे रबर, ड्रॉईंग पिन, १.५ व्होल्टची मोटार, एक सेल, छोटा पंखा, पट्टी, वायर, स्टँड.

कृती : एका लाकडी स्टँडवर मोटार पक्की करा. त्या स्टँडलाच सेल उभा बांधा. मोटारीची एक वायर सेलला जोडा. २०० वॅटचा निकामी बल्ब घ्या. त्याच्या पितळी टोपणातून छिद्र पाडून आतील सर्व भाग फोडून बाहेर काढा. पितळी टोपणावर फुग्याचे रबर जास्त सैल नाही व जास्त घट्ट नाही, असे धरून त्याला दोऱ्याने घट्ट गुंडाळा. बाहेरील हवा बल्बमध्ये जाणार नाही व बल्बमधील हवा बाहेर जाणार नाही, इतका दोरा घट्ट गुंडाळा. ह्या रबरावर एक ड्रॉईंग पिनचे टोक वर करून चिकटपट्टीने चिकटवा. ह्या ड्रॉईंग पिनला एक वायर जोडून तिचे दुसरे टोक

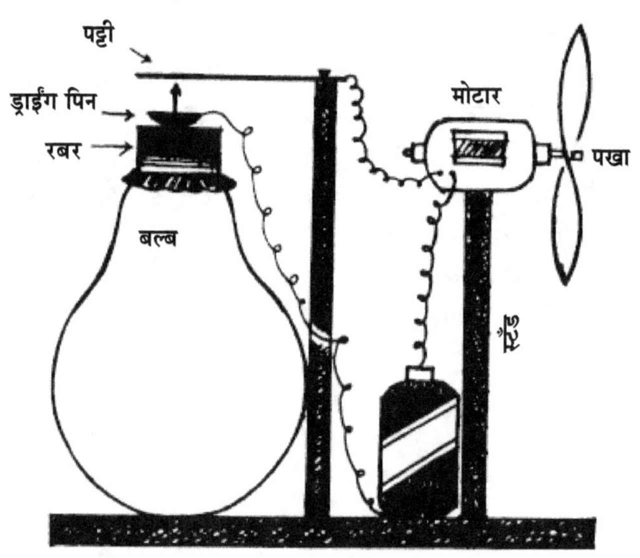

सेलच्या खालच्या भागाला जोडा.

आकृतीत दाखविल्याप्रमाणे हा बल्ब स्टँडजवळ उभा करा. त्याच्याजवळील एक उभी लाकडी पट्टी ठोकून तिच्या वरच्या टोकावर एक आडवी लोखंडी पट्टी ठोका. ह्या पट्टीच्या किंचित खाली ड्रॉईंग पिनचे टोक यावयास पाहिजे; पण पट्टीला टेकावयास नको. पट्टीचे दुसरे टोक वायरने मोटारला जोडा. बल्बला बाहेरून काळा रंग लावा.

जोपर्यंत ड्रॉईंग पिनचे टोक पट्टीपासून दूर आहे, तोपर्यंत विद्युतमंडल खंडित असते. त्यामुळे मोटार फिरत नाही. मोटारला एक छोटा पंखा बसवा. उन्हाळ्यात हवा गरम झाली, म्हणजे बल्बमधील हवा प्रसरण पावते व त्याला बांधलेले रबर व ड्रॉईंग पिन वर उचलली जाते व पिनचे टोक आडव्या पट्टीला टेकताच विद्युतमंडल पूर्ण होऊन मोटार सुरू होते व पंखा फिरू लागतो. हवा थंड होताच बल्बमधील हवेचे आकुंचन होते व रबर आणि पिन खाली येतात, त्यामुळे विद्युतमंडल खंडित होऊन पंखा बंद होतो.

♦♦♦

गणेशोत्सवात गणपतीच्या मागे फिरणारे चक्र लावलेले असते. हे चक्र टॉर्चच्या दोन सेलवर फिरते. अशाच प्रकारची छोटी मोटार वापरून अगदी जोरात पळणारी जीपगाडी आपल्याला तयार करता येईल. त्यासाठी फारसा खर्चसुद्धा येत नाही व खेळणे अगदी छान तयार होते. त्यासाठी खालील साहित्य जमा करावे.

साहित्य :- पातळ पत्रा, पत्रा कापण्यासाठी कैची, दोन टॉर्चच्या सेलवर फिरणारी मोटार, वायर, दोन पेन्सिल सेल, चार जाड सुया, प्लॅस्टिकची आठ झाकणे, रबर बँड, थर्मोकोलचा पातळ तुकडा.

कृती :- पातळ पत्र्यापासून ९x९ सें.मी. मापाचा चौरस कापून घ्या. त्याच्या समोरासमोरच्या काठापासून २ सें.मी. अंतर सोडून दोन रेषा ओढा. ह्या रेषांवर सरळ घडी पाडा. पत्र्याचा इंग्रजी 'यू' प्रमाणे आकार तयार होईल. ह्या आकाराची सपाट बाजू वर करा व वाकविलेले भाग खाली करून टेबलावर ठेवा. उभ्या भागांना समान अंतरावर बारीक खिळ्याने छिद्र पाडा व त्यातून मोठी सुई आरपार घालून सुईच्या दोन्ही टोकांना दोन प्लॅस्टिकची सारख्या आकाराची झाकणे बसवा. अशाच तऱ्हेने मागच्या बाजूस दोन चाके बसवा, म्हणजे चार चाकांची गाडी तयार होईल. ही गाडी आकृतीत दाखविली आहे. दोन चाकांच्या वर पत्र्याला आकृतीत दाखविल्याप्रमाणे चौकोनी छिद्र कापून घ्या. प्लॅस्टिकची झाकणे न वापरता कॅरमच्या गोट्यांना मध्यभागी बारीक छिद्र पाडून, सुई त्यात पक्की बसविल्यास छान चाके तयार होतील. चाकाचा कणा म्हणून

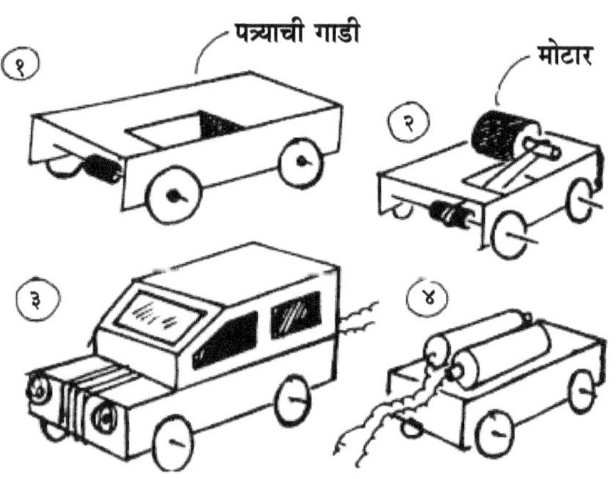

सुईच वापरावी. कारण ती गुळगुळीत असते व फिरताना तिचे घर्षण होत नाही. त्यामुळे आपल्या जीपगाडीचा वेगसुद्धा बराच जास्त राहील.

जी सुई छिद्राच्या खाली आहे, तिला मध्यभागी दोऱ्याचे वेढे देऊन बरेच जाड करा. त्यामुळे जाड भाग फिरण्यास सोपा होईल. लाकडी गोल बूच किंवा रबरी बूच बसविता आले, तर अधिक चांगले. ह्या छिद्राच्या वर किंचित बाजूला छोटी मोटार दोऱ्याने घट्ट बांधून घ्या. पण ह्या मोटारीचा दांडा मात्र छिद्रावर यावयास पाहिजे. दांडा जास्त गुळगुळीत असतो, म्हणून त्यावर दोऱ्याने गुंडाळून जाड व खडबडीत भाग तयार करावा. ह्या दोऱ्याच्या गुंडाळीवर डिंकाचे पाणी लावून वाळू द्यावे, म्हणजे दोरा निघणार नाही. ह्या दांड्यावरून रबर बँड घेऊन खालच्या बाजूला असलेल्या सुईच्या जाड केलेल्या भागावर अडकवून द्यावा. मोटारच्या दांड्याच्या व्यास हा सुईवर गुंडाळलेल्या दोऱ्याच्या गुंडाळीच्या व्यासापेक्षा लहान असावा. तो बराच मोठा असला, तरी चालतो. त्यामुळे मोटार कमी शक्तीत जास्त वजन नेऊ शकते.

वरील पत्र्याच्या ट्रॉलीप्रमाणे आणखी एक चार चाके असलेली ट्रॉली तयार करा. तीत दोन टॉर्च सेल ठेवून, त्यांना मोटारच्या दोन वायरची टोके जोडा व ही ट्रॉली मोटारच्या ट्रॉलीला तारेने बांधा. सेलमधील विजेचा प्रवाह मोटारमध्ये गेल्याबरोबर मोटार फिरू लागते. तिची फिरण्याची ही गती रबर बँडमुळे खालच्या सुईला मिळते. त्यामुळे सुई व तिच्याबरोबर चाके फिरू लागतात. त्यामुळे ट्रॉलीला गती मिळते व ती पुढे सरकते. मागच्या बाजूला तारेने सेलची ट्रॉली जोडलेली असल्याने तीसुद्धा ओढली जाते अशा रीतीने दोन्ही ट्रॉल्या फरशीवर जोराने पळू लागतात. जेव्हा सेलपासून त्यांच्या वायरी काढल्या जातील, तेव्हाच त्या थांबतात.

जेव्हा आपल्याला त्याची गती वर्तुळाकार करावयाची असेल, तेव्हा जीप गाडी व ट्रॉली यांना जोडलेली तार किंचित वाकडी करावी. म्हणजे गाडी वर्तुळाकार फिरू लागेल.

आकृतीत दाखविल्याप्रमाणे थर्मोकोलचे तुकडे टाचण्यांच्या साहाय्याने एकमेकांना जोडून, जीपचा सांगाडा तयार करून, तो मोटार बसविलेल्या ट्रॉलीवर फेव्हिकॉलने चिकटवून टाकावा, म्हणजे जीपगाडीचा आकार तयार होईल.

आगगाडीचा आकार हवा असल्यास थर्मोकोलपासून इंजिनाचा आकार तयार करावा व तो चिकटवावा. वरील आकार थर्मोकोलपासूनच तयार करावा, कारण ते तयार करावयास सोपे व वजनाला खूपच हलके असतात. त्यामुळे गाडीच्या वजनात जास्त फरक पडत नाही व ती सहज चालू शकते.

दक्षता : मोटारच्या दांड्याची जाडी चाकाच्या दांड्यापेक्षा नेहमी कमी असावी व त्या दांड्यावरून फिरणारा रबर बँड जास्त ढिला किंवा जास्त आवळ नसावा.

◆◆◆

या रोधकाच्या साहाय्याने एकच दिवा कमी किंवा जास्त प्रकाशित करता येतो. त्याचप्रमाणे छोट्या खेळण्यामधील विद्युत-मोटारीचा वेगसुद्धा कमी-जास्त करता येतो.

त्यासाठी फारसे साहित्य जमा करावे लागत नाही. सर्व साहित्य आपल्या घरातच सापडते.

साहित्य :- एक साधी एचबी पेन्सिल, वायरचे दोन तुकडे, तीन व्होल्टचा एक होल्डरसहित बल्ब, दोन टॉर्च सेल.

कृती :- साधी एचबी पेन्सिल घेऊन तिला उभे कापा. कापताना ही दक्षता घ्यावी, की आतील पेन्सिलीचे लीड तुटायला नको. लाकडाच्या दोन उभ्या कापांत पेन्सिलचे लीड बसविलेले असते. त्यांपैकी लाकडाचा पूर्ण काप काढून घ्या. त्यामुळे पेन्सिलचे लीड पूर्ण उघडे होईल. खालच्या बाजूने पेन्सिलीचे लाकूड तसेच राहू द्यावे. त्यामुळे पेन्सिलीच्या लीडला मजबुती राहील. पेन्सिलीच्या लीडच्या एका टोकाला वायरचे एक टोक घट्ट गुंडाळा व दुसरे टोक सेलच्या खालच्या भागाला लावा. सेलच्या वरच्या टोकांपासून निघालेली वायर बल्बच्या होल्डरच्या एका टोकाला जोडा. होल्डरच्या दुसऱ्या टोकापासून निघालेली वायर मोकळी राहू द्या.

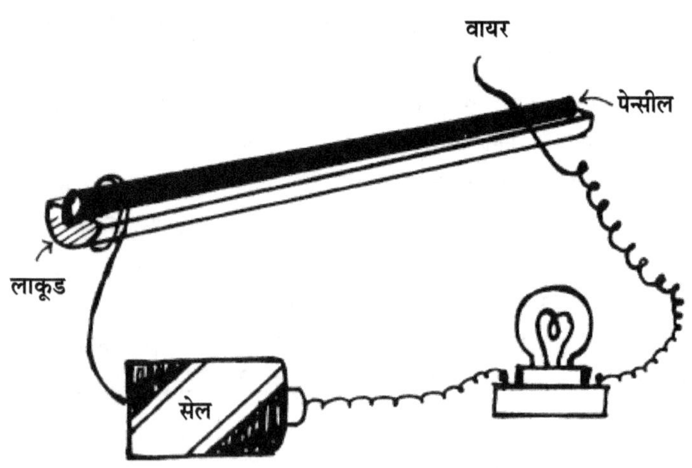

होल्डरमध्ये बल्ब बसवा.

वायरचे मोकळे टोक पेन्सिलवर घासून दाबा. होल्डरमध्ये बसविलेला बल्ब प्रकाशू लागतो. मोकळी वायर लीडवरून घासत घासत बांधलेल्या वायरकडे नेली, म्हणजे बल्बचा प्रकाश वाढत जातो. तीच वायर घासत घासत पेन्सिलीच्या तुकड्याच्या दुसऱ्या टोकाकडे नेली, म्हणजे बल्बचा प्रकाश मंद होत जातो. याचे कारण काय आहे, ते आपण पाहू. पेन्सिलीचे लीड हे ग्रॅफाइटचे बनलेले असते. ग्रॅफाइट हे विद्युतवाहक आहे. पण त्याची लांबी वाढली म्हणजे, त्याचा रोध वाढतो व त्यामुळे वायरमधून वाहणारा प्रवाह कमी होतो. बांधलेली वायर आणि मोकळी वायर यांतील अंतर वाढत गेले, म्हणजे रोध वाढतो. उलट, दोन्ही वायरी जवळ जवळ आणल्या, म्हणजे रोध कमी होतो व त्यांतून वाहणारा प्रवाह जास्त वाहू लागतो. अशा प्रकारे अगदी साध्या व घरगुती साहित्यातून सोप्या पद्धतीने हा बदलणारा रोधक तयार करता येतो.

♦♦♦

लोखंड, निकेल ह्या धातूंच्या पदार्थांना चुंबक आकर्षित करतो, हे आपल्याला माहित आहे. अशा पदार्थांना चुंबकीय पदार्थ म्हणतात. चुंबक हा पोलादाचा बनविलेला असतो व त्यात कायम चुंबकत्व निर्माण केलेले असते.

विद्युतप्रवाहाच्या साहाय्याने असे चुंबकत्व निर्माण केले जाते. ज्या तारेतून विजेचा प्रवाह वाहत असतो, तिच्याभोवती चुंबकीय क्षेत्र तयार होते. आज आपण विद्युतप्रवाह-वाहक तारेत चुंबकत्व कसे येते, ते पाहू.

त्यासाठी टॉर्चचे दोन सेल, तांब्याची जाड तार व लोखंडाचा बारीक कीस एवढे साहित्य लागेल. २० सें.मी. लांबीची तांब्याची एक तार घेऊन तिचे एक टोक सेलच्या वरच्या टोकाला जोडा किंवा ती तार तेथे दाबून धरा. दोन्ही सेल एकावर एक असे उभे धरा. तारेचे दुसरे टोक सेलच्या खालच्या बाजूला दाबा. म्हणजे विजेचा प्रवाह सेलच्या

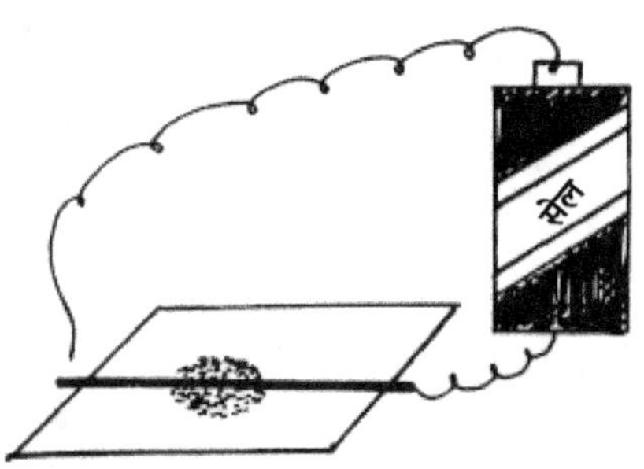

वरील टोकातून निघून तारेत घुसतो. तेथून तो वाहत वाहत सेलच्या खालच्या टोकात पोहोचतो. अशा प्रकारे विद्युतमंडळ (सर्किट) पूर्ण होते. त्याच वेळी तारेचा मधला भाग लोखंडाच्या किसात बुडवा व बाहेर काढा. त्या तारेला लोखंडी किस चिकटलेला दिसेल. जोपर्यंत तारेतील प्रवाह वाहणे चालू आहे, तोपर्यंत हा कीस तारेला चिकटलेला राहतो. ज्या वेळी आपण सेलपासून वायर दूर करतो, त्या वेळी विद्युतप्रवाह खंडित होतो व चिकटलेला कीस तारेपासून दूर होऊन खाली पडतो.

यावरून आपल्या लक्षात येते, की विद्युतवाहक तारेत प्रवाह वाहत असताना तिच्यात चुंबकत्व निर्माण होते.

♦♦♦

इलेक्ट्रोप्लेटिंग

सायकल, स्कूटर किंवा इतर यंत्रे, भांडी, उपकरणे गंजू नयेत, म्हणून त्यांवर विजेच्या साहाय्याने मुलामा दिलेला असतो. या क्रियेलाच इलेक्ट्रोप्लेटिंग म्हणतात, काही लोक चांदीच्या दागिन्यावर सोन्याचा थर देऊन घेतात. त्यामुळे चांदी झाकली जाते व सोन्याच्या थरामुळे ते दागिने सोन्याचेच बनविले आहेत, असे पाहणाऱ्याला वाटते.

हे इलेक्ट्रोप्लेटिंग तुम्हीसुद्धा घरी करू शकता. पण आपण फक्त वस्तूवर तांब्याचाच थर देऊ. त्यावरून चांदीच्या व सोन्याच्या मुलाम्याची तुम्हांला कल्पना येईल.

साहित्य : काचेचा किंवा प्लॅस्टिकचा मग किंवा तशाच प्रकारचे रुंद तोंड असणारी बरणी, वायरचे दोन तुकडे, बांबूची चापट कामटी, तांब्याचा तुकडा, तांब्याची किंवा पितळेची झिजलेली अंगठी, मोरचुदाचे खडे, टॉर्चचे तीन-चार सेल, पाणी.

कृती : घेतलेल्या काचेच्या किंवा प्लॅस्टिकच्या भांड्यात पाणी घेऊन त्यात मोरचुदाचे बरेचसे खडे विरघळू द्या व त्याचे निळ्या रंगाचे द्रावण तयार करा. भांड्याच्या तोंडापेक्षा जास्त लांबीची बांबूची कमटी घ्या. ह्या कमटीला अलग अलग ठिकाणी दोन वायरचे तुकडे बांधा. एका वायरच्या तुकड्याला तांब्याचा तुकडा बांधा. दुसऱ्या तुकड्याला अंगठी बांधा. वायरच्या टोकावरील प्लॅस्टिक आवरण

काढून टाकून आतील तारेला ह्या वस्तू बांधल्या पाहिजेत.

नंतर ही बांबूची कमटी काचेच्या भांड्याच्या तोंडावर आडवी ठेवा. त्या वेळी कमटीला टांगलेला तांब्याचा तुकडा व अंगठी भांड्यातील मोरचुदाच्या द्रावणात पूर्णपणे बुडली पाहिजे. टॉर्चचे ३ किंवा ४ सेल एकावर एक सरळ उभे धरा. कमटीच्या वायरची दोन टोके शिल्लक आहेत. ती आकृतीत दाखविल्याप्रमाणे सेलच्या धन व ऋण टोकांना जोडा, म्हणजे त्यांतून सेलमधील विजेचा प्रवाह वाहावयास लागून अंगठीवर मुलामा बसणे सुरू होईल.

मोरचुदाच्या द्रावणात तांब्याचा अंश असतो, तो अंगठीवर बसत जातो. त्यामुळे द्रावणाची तीव्रता कमी होते. ती तीव्रता भरून कायम ठेवण्यासाठी तांब्याच्या तुकड्यातील तांबे द्रावणात विरघळत जाते. ही क्रिया जोपर्यंत सेल जोडलेले आहेत, तोपर्यंत चालू राहाते. अंगठीवर थर बसल्याने ती जाड होत जाते व तांब्याचा तुकडा झिजत जातो. अशा प्रकारे अंगठी पुरेशी जाड झाल्यावर सेलपासून वायर वेगळी करून प्रवाह बंद करावा. कमटी वर उचलून घ्यावी व तिच्यापासून वायर, अंगठी व तांब्याचा तुकडा अलग करावे व पाण्याने स्वच्छ धुऊन घ्यावे.

झिजलेली अंगठी अशा प्रकारे जाड होईल व अगदी नव्याप्रमाणे दिसू लागेल.

वरील पद्धतीने तुम्हांला बऱ्याच छोट्या वस्तूवर तांब्याचा मुलामा देता येईल. अशा प्रकारे तुम्ही घरच्या घरी अगदी साध्या पद्धतीने इलेक्ट्रोप्लेटिंग केले.

चांदीचा व सोन्याचा मुलामा देण्यासाठी कोणत्या प्रकारचे द्रावण वापरतात, हे तुम्हांला तुम्ही मोठे झाल्यावर आपोआपच कळेल.

(**सूचना** : मोरचुदाचे खडे किंवा द्रावण विषारी असल्यामुळे त्याची चव घेऊ नये. काम झाल्यावर आपले हात स्वच्छ धुऊन काढण्यास विसरू नका.)

♦♦♦

भुताचे प्रकटणे

एकदा आमच्या मित्राने आम्हांला भुताची जादू दाखविली. रजिस्टरच्या आकाराची आयताकृती काच घेतली व आम्हांला दाखविली. काच अगदी कोरी पारदर्शक होती. ती त्याने दोन लाकडी ठोकळे टेबलावर ठेवून त्या ठोकळ्यांवर ठेवली. काचेच्या खाली लाकडाचा बारीक भुसा पसरला व एका रुमालाने तो काच वरच्या बाजूने घासून पुसू लागला. थोड्याच वेळात काचेवर भुताचे तोंड उमटू लागले. आम्हांला चांगलेच आश्चर्य वाटले. कोऱ्या काचेवर भुताचे तोंड उमटते, म्हणजे काय गंमत आहे?

त्या पाठीमागे विज्ञान काय आहे, ते पाहू.

टेबलावर भुसा पसरून ठेवला. काच ही मुळात कोरी नव्हती. तिच्यावर ग्लिसरीनच्या साहाय्याने भुताचे तोंड काढले होते. जिभेला फोड आले असता जे ग्लिसरीन आपण मेडीकल स्टोअर्समधून आणतो, तेच त्याला लावलेले होते; पण ग्लिसरीन रंगहीन असल्याने काचेवर ते लावलेले असूनही दिसत नव्हते. ही

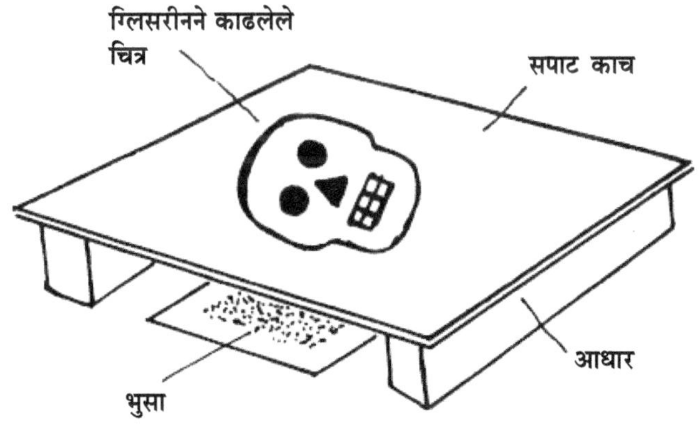

ग्लिसरीनन लावलेली काचेची बाजू भुशाकडे करून लाकडी ठोकळ्याच्या आधाराने भुशापासून किंचित अंतरावर सपाट ठेवली. ज्या रुमालाने काच घासली, तो रुमाल नायलॉनच्या कापडाचा होता. आले का नाही तुमच्या लक्षात? नाही. मग मी सांगतो.

जेव्हा आपण काचेला नायलॉनच्या कपड्याने किंवा रेशमी कापडाने घासतो, त्या वेळी घर्षणाने काचेत स्थिर विद्युत तयार होते व ती बारीक कागदाचे तुकडे, दोरे, धूळ, भुसा अशा पदार्थांना आकर्षित करते व ते तुकडे काचेला येऊन चिकटतात. जेव्हा ही काच नायलॉनच्या कपड्याने घासली, तेव्हा तिच्यात स्थिर विद्युत तयार झाली व तिने तिच्याखाली पसरून ठेवलेल्या भुशाला आकर्षित केले. काचेला खालच्या बाजूने चिकट ग्लिसरीन लावलेले असल्याने त्या ठिकाणी आलेला भुसा चिकटून बसला व बाकीचा खाली पडला. ग्लिसरीनने भुताच्या तोंडाचा आकार काढला होता. म्हणून त्या आकारावरच भुसा चिकटून राहिल्याने भुताचे तोंड दिसू लागले.

ग्लिसरीनच्या साहाय्याने निरनिराळे आकार काचेवर काढून तुम्हीसुद्धा तुमच्या मित्रांना चकित करू शकाल.

◆◆◆

४७   पेटवा काडी, लावा दिवा!

मोठमोठ्या कारखान्यांत बऱ्याच वेळा आगी लागतात व नुकसान होते. हे नुकसान टाळण्यासाठी व आग लागली, हे समजण्यासाठी कारखान्यात धोक्याच्या घंटा (अलार्म) बसविलेल्या असतात. अशाच प्रकारची धोक्याची घंटा वाजविणारे एक मनोरंजक खेळणे तयार करू. त्यासाठी खालील साहित्य जमा करावे.

साहित्य :- ट्यूबलाईटचा जळलेला स्टार्टर, एक छोटा बल्ब ३ व्होल्टचा, दोन टॉर्च सेल, बल्बसाठी लहान होल्डर, वायर, आगपेटी.

कृती :- ट्यूबलाईटच्या स्टार्टरची वरची ॲल्युमिनिअम किंवा प्लॉस्टिकची डबी काढून टाकावी. त्याच्या आत काचेचा लांबट बल्ब असतो, तो हळुवारपणे फोडावा. म्हणजे त्याच्या आत असणारे भाग खराब होणार नाहीत. बल्बच्या आत धातूची एक सरळ पट्टी असते, आणि तिच्याशेजारी इंग्रजी 'यू' प्रमाणे दुसरी चपटी पट्टी असते. ह्या दोन्ही पट्ट्यांना दोन अलग अलग तारा जोडून त्यांची टोके बाहेर काढलेली असतात. (आकृती पाहा.)

आता जोडणी कशी करावयाची, ते पाहू. स्टार्टरच्या एका टोकाला एक

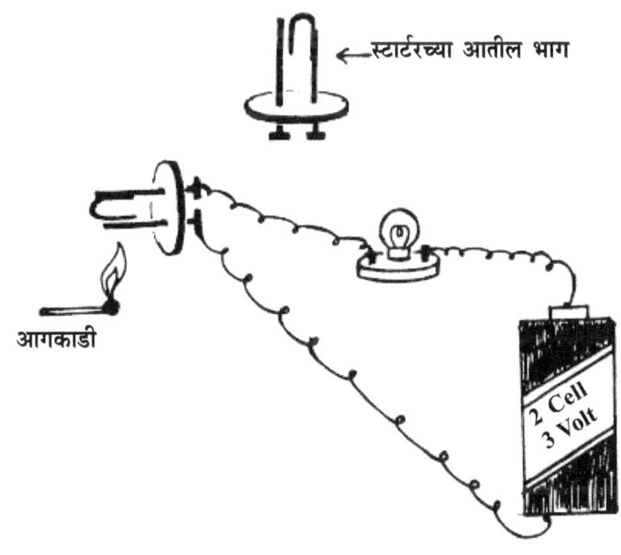

वायरचा तुकडा जोडून, त्याचे दुसरे टोक होल्डरच्या एका टोकाला जोडा. होल्डरच्या दुसऱ्या टोकाला वायर जोडून ती सेलच्या पहिल्या टोकाला जोडा. होल्डरमध्ये बल्ब बसवा. जोडणी पूर्ण झालेली असून बल्ब लागत नाही. कारण स्टार्टरच्या दोन्ही पट्ट्या एकमेकींपासून दूर आहेत. त्यामुळे विद्युत-मंडळ खंडित आहे. म्हणून बल्ब लागत नाही.

आता आगपेटीची काडी पेटवा व स्टार्टरच्या दोन पट्ट्यांना लावा. थोड्याच वेळात स्टार्टरची 'यू' आकाराची पट्टी उष्णतेने एकदम प्रसरण पावते व तिचा घेर मोठा होतो. त्यामुळे ती शेजारच्या उभ्या पट्टीला स्पर्श करते. दोन्ही पट्ट्या एकमेकींना चिकटल्यामुळे खंडित असलेला वीजप्रवाह सुरू होतो व बल्ब चालू होऊन प्रकाश देऊ लागतो. स्टार्टरच्या पट्ट्यांजवळून जळती काडी दूर नेल्यास त्या थंड होतात व आकुंचन पावतात. 'यू' आकाराची पट्टी सरळ पट्टीपासून दूर होते. त्यामुळे वीजप्रवाह खंडीत होतो व बल्ब विझतो. पुन्हा जळती काडी जवळ आणल्यास तीच क्रिया घडून बल्ब पुन्हा लागतो.

अशा प्रकारे जळती काडी स्टार्टरच्या जवळ आणून व दूर नेऊन कितीही वेळा बल्ब चालू करता येतो व विझविता येतो.

ह्याच तत्त्वावर आगीची सूचना देणारे अलार्म तयार केलेले असतात. बल्बच्या ऐवजी सेलवर वाजणारी विद्युत-घंटी बसविली, की तुमचे काम झाले.

◆◆◆

सफरचंदाची चोरी

पुठ्ठ्याच्या एका खोक्यावर एक सफरचंद किंवा कोणतेही फळ ठेवलेले असते. तुमची नजर चुकवून तुमचा मित्र ते फळ खाण्यासाठी उचलतो, त्याच वेळी डोक्यात ठेवलेली घंटी जोराने वाजू लागते व तुम्ही सावध होऊन त्याची चोरी पकडता.

हे कसे शक्य आहे, ते आपण पाहू.

बाजारात पुठ्ठ्याची खोकी मिळतात. त्यांपैकी एक खोके घेऊन त्याला आतल्या

बाजूने पत्र्याचा चौकोनी तुकडा पक्का करा. ह्या पत्र्याला एक छिद्र पाडा. हे छिद्र खोक्याच्या वरच्या बाजूला आले पाहिजे. एका सफरचंदाला काळा दोरा बांधून तो दोरा छिद्रातून खोक्याच्या आत घाला. दोऱ्याच्या खोक्यातील टोकाला एक लोखंडी नटबोल्ट बांधा. नटबोल्टला एक वायर बांधा. त्याचप्रमाणे पत्र्याच्या तुकड्याला वायर बांधा व आकृतीत दाखविल्याप्रमाणे विद्युत-मंडळ पूर्ण करा. ज्या वेळी नटबोल्ट लोंबकळत असतो, त्या वेळी विद्युतमंडळ खंडित असते.

ज्या वेळी तुमचा मित्र सफरचंद उचलतो, त्या वेळी दोरा व नटबोल्ट वर उचलला जातो. नटबोल्ट पत्र्याला येऊन टेकला, म्हणजे विद्युतमंडळ पूर्ण होते व घंटी वाजू लागते. घंटी वाजण्यासाठी चार टॉर्च सेलची आवश्यकता असते. कारण साधारणपणे ६ व्होल्ट दाबावर घंट्या काम करीत असतात. अशा प्रकारे वेळेवर घंटी वाजल्याने तुमचा मित्र सफरचंदाची चोरी करू शकणार नाही.

◆◆◆

 # बल्बसाठी पट्टी-होल्डर

प्रकाशाची उभी शलाका हवी असल्यास पट्टी-होल्डर छान उपयोगी आहे. स्कूटर किंवा मोटार सायकल यांच्या पाठीमागच्या भागात लांबट लाटण्याच्या आकाराचे दोन बल्ब असतात. तसा एखादा बल्ब मिळाल्यास उत्तम.

छोट्याशा लाकडी बैठकीवर एक चौकोनी धातूचा पत्रा खिळ्याने पक्का करावा. त्याला मध्यभागी जाड खिळ्याने खड्डा पाडावा. छिद्र पाडू नये. तशाच

प्रकारच्या धातूची पट्टी (तांबे, पितळेची मिळाल्यास उत्तम, नाहीतर गंजरहित लोखंडाची चालेल) बल्बच्या लांबीपेक्षा जास्त लांबीची घेऊन, तिला दोन ठिकाणी काटकोनात वाकवा. त्यांपैकी एक भाग पूर्वीच्या पट्टीजवळ पण पट्टीपासून किंचित दूर पक्का करावा. त्यासाठी बारीक चुका वापराव्या, वरच्या काटकोनात वाकविलेल्या पट्टीला एक खड्डा पाडावा. पूर्वीच्या पट्टीचा खड्डा व हा खड्डा बरोबर एकाखाली एक आले पाहिजेत. ह्या दोन पट्ट्यांच्या खड्ड्यात बल्बची दोन टोके घट्ट बसवावीत. ढिली बसत असतील, तर वरची पट्टी खाली वाकवून, नंतर त्यात बल्ब बसवा. दोन पट्ट्यांना दोन वायरी लावून त्या चार टॉर्चसेलला जोडाव्या. वायरमधून पट्टीत व पट्टीतून बल्बमध्ये प्रवाह जातो व बल्ब प्रकाशमान होतो. काही प्रयोगांत प्रकाशाची उभी शलाका हवी असते, ती आपल्याला अशी योजना केल्याने मिळू शकते.

◆◆◆

ज्याप्रमाणे काचेच्या दांड्याला रेशमी कापडाने घासले, म्हणजे त्यावर स्थिर विद्युत तयार होते, त्याचप्रमाणे पॉलीथिनच्या कागदाला लोकरीच्या कापडाने किंवा नुसत्या हाताने घासले, तरी त्यावर स्थिर विद्युत तयार होते. ह्या विद्युतवर चालणारे एक 'मेरी गो राऊंड' आपण तयार करून पाहू. त्यासाठी लागणारे साहित्य खालीलप्रमाणे.

साहित्य : पुस्तकाला कव्हर बनविण्यासाठी पुस्तकाच्या दुकानात पॉलीथिनच्या कागदाचा रोल ठेवलेला असतो. ते मीटरच्या भावाने विकत मिळते. तसा कागद एक मीटर विकत घ्यावा. नकाशाला ज्या गोल काड्या लावलेल्या असतात, तशा काडीचा एक फूट लांब तुकडा किंवा एक फूट लांबीची विजेच्या फिटींगची प्लॅस्टिकची नळी,सेंच्युरी पेपरचा एक तुकडा, दोरा, सायकलचा स्पोक, इंजेक्शनच्या शिशीचे अँप्यूल, मातीचा गोळा.

कृती : आकृतीत दाखविल्याप्रमाणे कंपासाने सेंच्युरी पेपरवर एक वर्तुळ काढावे. ज्या ठिकाणी रेषांनी काळा भाग आखलेला आहे, तितका भाग कापून

हा भाग कापून टाका.
A व B ही टोके
एकमेकांवर चिकटवा

वर्तुळ कापून घ्यावे. वर्तुळाच्या एका बाजूला डिंक लावून तो दुसऱ्या भागावर चिकटवावा, म्हणजे शंकूचा पसरट आकार तयार होईल. या शंकूच्या मधल्या उंच भागात आतून बाहेर निघणारे ॲप्यूलचे टोक बसवावे.

एका मातीच्या गोळ्यात सायकलचा स्पोक उभा बसवावा. या स्पोकचे वरील टोक घासून टोकदार करावे. ह्या टोकावर पूर्वी तयार केलेला सेंच्युरी पेपरचा शंकू ठेवावा. ह्या शंकूत बसविलेल्या ॲप्यूलच्या टोकात स्पोकचे टोक घालावे, म्हणजे स्पोकच्या टोकावर सेंच्युरी पेपरची गोल फिरणारी छत्री तयार होईल. ह्या छत्रीच्या परिघावर चार ठिकाणी खुणा करून, तिथे सुईने छिद्र पाडून, त्यांत बारीक दोरे घाला व ते खाली लोंबू द्या. दोऱ्याच्या लोंबणाऱ्या टोकांना सेंच्युरी पेपरचेच कापून तयार केलेले चार घोडे लटकवा. किंवा बाजारात अगदी पातळ प्लॅस्टिकचे चापट घोडे मिळाले, तर ते बांधा. घोड्यांऐवजी दुसऱ्या प्राण्यांचे आकार लटकविले, तरी चालतील. हे आपले फिरणारे घोडे तयार झाले. त्यांना फिरवायचे कसे, ते आता पाहू.

१ फूट रुंदीचा व १ मीटर लांबीचा प्लॅस्टिक पेपरचा तुकडा घ्या. त्याला लाकडी रुळावर किंवा फिटींगच्या गोल नळीवर घट्ट गुंडाळा. तो उलगडू नये, म्हणून दोऱ्याचे वेढे देऊन पक्का करा. डाव्या हातात लोकरीचे कापड घेऊन त्यावर आपण तयार केलेला रूळ जोराने घासा व टांगलेल्या एका घोड्याजवळ आणा. तो घोडा त्याच्याकडे ओढला जातो. तो रुळाला येऊन चिकटण्यापूर्वी रूळ थोडा मागे मागे सरकवा. घोडा पुढे पुढे येऊ लागतो. अशा रीतीने रूळ पुढे पुढे व घोडा त्याच्या मागे मागे फिरू लागतो. एक घोडा फिरला, म्हणजे छत्री फिरते व तिला टांगलेले इतर घोडे आपोआप गोल गोल फिरू लागतात. रुळामधील घर्षण-वीज कमी झाली, की त्याला पुन्हा लोकरीच्या कापडावर घासून घोड्याजवळ आणत जा. अशा प्रकारे हे चार घोडे फिरत ठेवता येतील.

खोलीच्या एका कोपऱ्यात हे उपकरण ठेवून प्रयोग करा म्हणजे हवेचा त्रास होणार नाही. प्लॅस्टिकच्या रुळाऐवजी कंगवा केसांना घासून प्रयोग केला, तरी चालतो. मात्र सर्द हवेत किंवा पावसाळ्यात हा प्रयोग पाहिजे तेवढा यशस्वी होणार नाही. पण उन्हाळ्यात मात्र तो हमखास यशस्वी होतो.

♦ ♦ ♦

 # जळलेली ट्यूब प्रकाशते

आपल्या घरात जळलेल्या ट्यूब लाईट बऱ्याच पडलेल्या असतात. त्यांचा काही उपयोग होत नाही, म्हणून आपण त्या फेकून देतो. पण ह्याच जळलेल्या ट्यूब लाईटबरोबर खेळून आपण तिचा थोडा प्रकाश पाडणार आहोत. त्यासाठी लाईनची किंवा बॅटरीची गरज नाही. गरज आहे फक्त एका नायलॉनच्या कापडाची व जळलेल्या ट्यूबची. ह्या ट्यूब लाईटचा प्रकाश दिवसा दिसत नाही, म्हणून हा

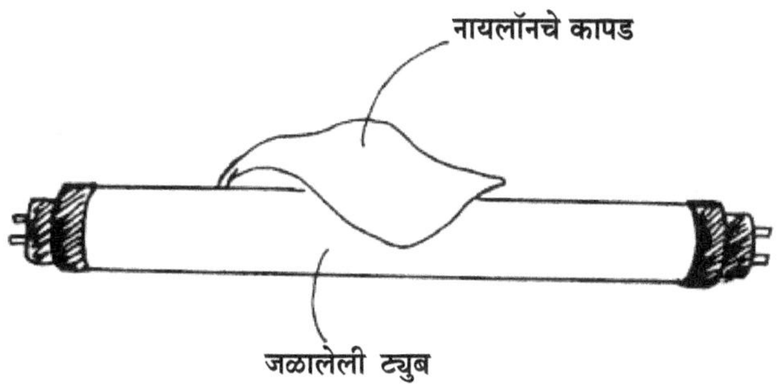

प्रयोग रात्री करावा.

डाव्या हातात ट्यूब लाईट आडवी धरा व उजव्या हातात नायलॉनचे कापड घेऊन त्यावर जोराने घासा. थोड्याच वेळात ट्यूब पेटल्याप्रमाणे ती चमकावयास लागते.

अंधाऱ्या खोलीत हा प्रयोग केला, तर अधिक चांगला प्रकाश दिसतो.

याचे कारण तुमच्या लक्षात आले का? नाही ना. मग मी सांगतो. ट्यूब लाईट काचेची बनलेली असते. ह्या काचेला आतील बाजूने फ्लोरेसंट पावडर लावलेली असते. जेव्हा आपण ह्या ट्यूब लाईटला नायलॉनच्या कापडाने जोरजोरात मागेपुढे घासतो, त्या वेळी काचेच्या ट्यूब लाईटवर स्थिर धन विद्युत तयार होते व ह्या विद्युतमुळे फ्लोरेसंट पावडरचा थर प्रभावित होऊन चमकू लागतो व आपल्याला ट्यूब लाईट प्रकाश देत आहे, असा भास होतो.

◆◆◆

आपण सेलवर चालणारी जीपगाडी तयार केली. त्या जीपगाडीची ट्रॉली आपण पातळ पत्र्याची तयार केली होती व तिला सुईच्या साहाय्याने चार चाके लावली होती. तशीच ट्रॉली तयार करा व तिला चार चाके बसवा. ह्या ट्रॉलीवर एक काचेची चपटी शिशी किंवा गोल शिशी दोऱ्याने बांधून घ्या. शिशी जास्त मोठी किंवा जास्त लहान असू नये. ह्या शिशीला दाबून बसविता येईल, असे रबरी बूच शोधून काढा.

अंगणातल्या उन्हात सपाट व गुळगुळीत पाटीवर ही आपली सौर गाडी चालणार आहे. सूर्याच्या शक्तीवर तिला गती मिळते, म्हणून तिला सौर गाडी हे नाव दिले आहे.

चार-पाच आगपेटीच्या काड्या घ्या. त्यांचे गूल एका बाजूला येतील, अशा

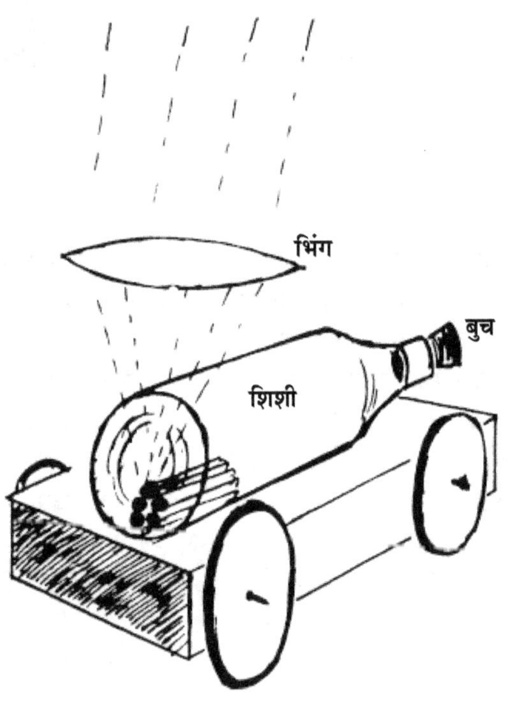

तऱ्हेने त्यांना दोऱ्याने बांधून त्यांचे बंडल तयार करा. सर्व काड्यांचे गूल एकमेकांना टेकलेले असले पाहिजे. त्यामुळे त्यांच्यापैकी एक काडी जरी पेटली, तरी ते सर्व एकदम पेटतात.

सौरगाडीला बांधलेल्या काचेच्या शिशीत हे बंडल टाकावयाचे आहे, पण त्या आधी काचेची शिशी आतून कोरडी करून घ्यावी. काड्यांचे बंडल शिशीत टाका व शिशीला रबरी बूच बसवा. ही गाडी उन्हात सपाट पाटावर ठेवा. एक बहिर्गोल भिंग हातात धरून त्याने सूर्याची किरणे एकत्रित होऊन शिशीमध्ये असलेल्या आगकाड्यांच्या गुलांवर पडतील, अशी व्यवस्था करा. थोड्याच वेळात आगकाड्या एकदम पेटतात व शिशीतील हवा एकदम प्रसरण पावते व त्या जोराने शिशीला बसविलेले रबरी बूच मागच्या दिशेला जोराने उडते व त्या जोराची प्रतिक्रिया म्हणून आपली सौर गाडी उलट्या दिशेने वेगाने पळत निघते.

न्यूटनच्या गतिविषयक तिसऱ्या नियमावर आधारलेले हे खेळणे आहे. शिक्षकांनासुद्धा हा नियम शिकविताना 'शैक्षणिक साहित्य' म्हणून याचा वापर करता येईल.

♦♦♦

एका साधारण जाड कागदावर आकृतीत दाखविल्याप्रमाणे एकात एक अशी दोन वर्तुळे काढा. दोन्ही परिघांच्या मधल्या जागेचे सारखे सोळा भाग आखून घ्या. बाहेरचा परिघ कापून घेऊन मुळ कागदापासून अलग करा व खुणा केलेल्या सोळा

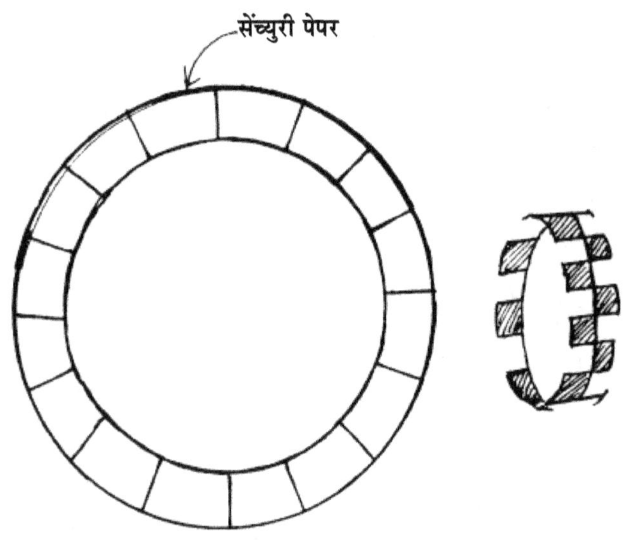

रेषांवर कैचीने काप मारा. हे कापलेले भाग एक भाग आपल्याकडे, एक पलीकडे, पुन्हा एक भाग आपल्याकडे, पुन्हा एक भाग पलीकडे, अशा घड्या पाडा व हे गतिचक्र पटांगणात ठेवा. जोराने हवा आली, की ते जमिनीवर चाकाप्रमाणे पळू लागते. हवा बंद झाली, की खाली पडते; पण पुन्हा जोराची हवा आली, की घसरत जाऊन उभे राहाते व पळू लागते. आपण त्यांच्याबरोबर पळू लागलो, तरी ते आपल्या पुढेच पळते.

◆◆◆

रेडिओ दुरुस्तीच्या दुकानात लहान लहान भाग जोडण्यासाठी सोल्डर वापरतात. आपल्याला एखादे वेळेस काही काम पडले, तर त्या दुकानात जावे लागते. त्यासाठी आपण घरच्या घरी डाग देऊ शकू, असे उपकरण तयार करू. आपण त्याला घरगुती सोल्डर म्हणू.

त्यासाठी महत्त्वाचे साहित्य म्हणून १२ व्होल्टचा ट्रान्सफॉर्मर आवश्यक आहे. शिवाय थोडीशी सोल्डरिंग वायर ही रेडिओच्या दुकानात विकत मिळते. एक शिसपेन्सिल व वायर एवढे साहित्य पुरे होते.

ट्रान्सफॉर्मरमधून १२ व्होल्टचा दाब देणाऱ्या दोन वायरी निघतात. त्यांपैकी

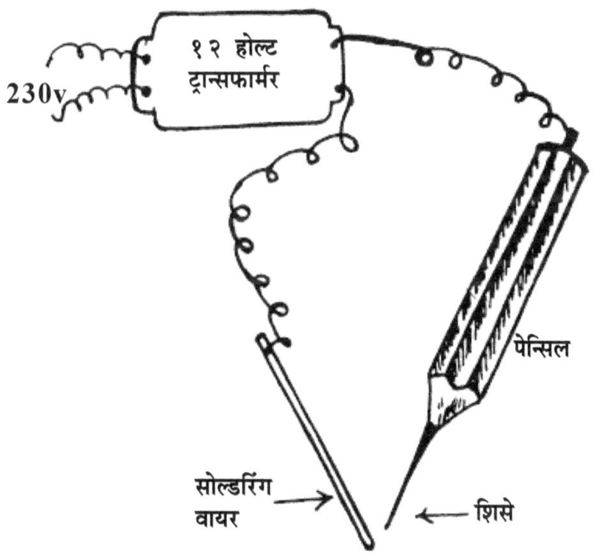

एकीला सोल्डरिंग वायर जोडावी. एक शिसपेन्सिल घेऊन तिला लांब टोक करावे व पाठीमागच्या बाजूने लाकूड छिलून काढून शिसे बाहेर काढावे. हे शिसे ग्रॅफाईटचे असते व विद्युतवाहक असते. ह्या मागच्या टोकाला ट्रान्सफॉर्मरची दुसरी वायर

लावावी. ट्रान्सफॉर्मरची पिन प्लगमध्ये घालून बटन चालू करावे. ज्या ठिकाणी डाग द्यावयाचा, त्या ठिकाणी सोल्डरिंग वायरचे टोक चिकटवावे व त्या टोकाला पेन्सिलीचे टोक टेकवावे. थोड्याच वेळात पेन्सिलचा व सोल्डरिंग वायरचा जोड गरम होतो व वायर वितळून डाग बसतो. डाग देण्याच्या अगोदर डाग देण्याच्या सोल्डरिंग वायरला सोल्डरिंग पेस्टमध्ये बुडवून घ्यावे, म्हणजे डाग चांगला बसतो.

♦♦♦

दारावरील बटन दाबले, म्हणजे वाजणाऱ्या घंट्या आपल्या घरात बसविलेल्या असतात. त्या विजेवर चालतात. पण आपण हवेवर चालणारी घंटी तयार करू.

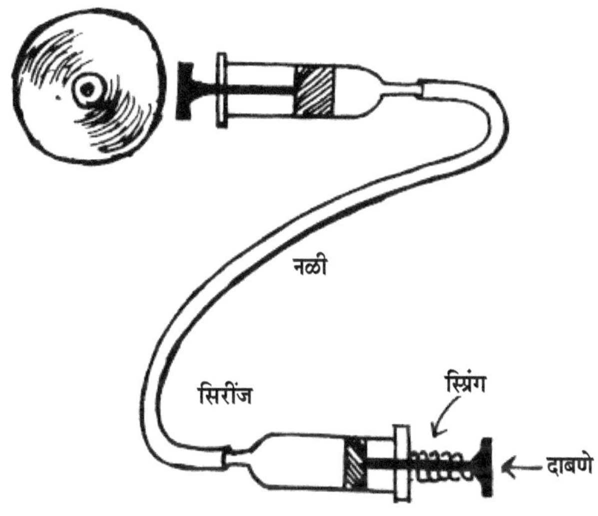

म्हणजे लाईन बंद असली, तरी ती बंद पडणार नाही.

आपल्या डॉक्टर काकाकडून इंजेक्शन देण्याच्या दोन जुन्या सिरिंज मागून आणा. त्यातील पिस्टन (दट्ट्या) मात्र चांगला पाहिजे. पिस्टन सहज मागे-पुढे व्हावा, म्हणून सिरिंजला आतून थोडे खोबरेल तेल लावावे.

सिरिंजच्या खालच्या टोकात फिट्ट बसेल, अशी रबरी नळी किंवा प्लॅस्टिकची नळी घ्या. सलाईनची नळी बसली, तर पाहा. नळी मात्र फिट्ट बसली पाहिजे. नळीच्या एका टोकात एक सिरिंज व दुसऱ्या टोकात दुसरी सिरिंज बसवा. दुसऱ्या सिरिंजच्या बाहेर दांड्याभोवती एक लवचीक स्प्रिंग बसवा. ह्या स्प्रिंगमुळे दट्ट्या नेहमी मागे ओढलेला राहातो.

एका लाकडी पाटीवर एक सायकलची घंटी उभी करा व त्याच्या शेजारी पहिली सिरिंज पक्की करा. (आकृती पाहा.) आता दुसऱ्या सिरिंजचा पिस्टन आत

दाबा. त्यामुळे हवा दाबली जाते व ही हवा घंटीजवळच्या सिरिंजमध्ये जाऊन तिथल्या पिस्टनला बाहेर लोटते. त्यामुळे घंटीवर टोल पडतो. सिरिंजवरील दाब काढला, की स्प्रिंगमुळे दांडा मागे येतो व दाब कमी झाल्याने घंटीला टेकलेला पिस्टन मागे सरकतो. अशा प्रकारे कितीही वेळा ही घंटी वाजविता येते व तिला विजेचा खर्च येत नाही.

♦♦♦

तुटलेली पेन्सिल

आपल्या दोन्ही हातांत दोन पेन्सिली घ्या व त्यांचे मागचे भाग एकमेकांना टेकवा. नंतर ह्या पेन्सिली तशाच स्थितीत उचलून आपल्या डोळ्यांसमोर धरा.

त्यांचे डोळ्यांपासून अंतर १५ सें.मी. असावे. पेन्सिलीकडे पाहत असतानाच त्या दोन पेन्सिलींमधील अंतर वाढवावे. अंदाजे ते अंतर एक सें.मी. असावे. या वेळेस आपल्याला दोन बाजूंना दोन मोठ्या पेन्सिली व एक तुकडा मात्र त्यांच्या मध्यभागी तरंगलेला दिसेल. म्हणजेच पेन्सिल तुटून तिचा तुकडा अलग झालेला आहे, असे वाटेल.

◆◆◆

सायकलच्या हातपंपाला समोरच्या बाजूने सायकलची व्हॉल्व्ह पिन लावून त्यावर व्हॉल्व्ह ट्यूब बसवावी, म्हणजे एकदा हवा पुढे गेली, की ती मागे येणार नाही.

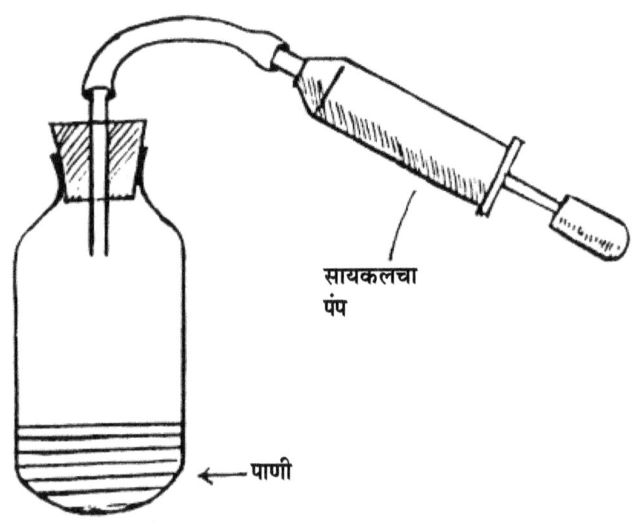

एका मजबूत काचेच्या शिशीत थोडे पाणी घेऊन तिला एक छिद्र असलेले रबरी बूच घट्ट बसवा. ह्या छिद्राच्या बुचात एक काचेची नळी बसवा व ह्या नळीला एक रबरी पोकळ नळी घट्ट बसवा. रबरी नळीचे दुसरे टोक सायकल पंपाच्या व्हॉल्व्ह पिनवर घट्ट बांधून घ्या. पंपापासून शिशीपर्यंत नळी कोठेच लीक व्हावयास नको. आता पंपाने शिशीत हवा भरा. थोड्याच वेळात शिशीत धुक्याप्रमाणे ढग जमा होतो

◆◆◆

साधारण जाड पुठ्ठ्यापासून हे खेळणे तयार करता येते. तीन इंच लांब व

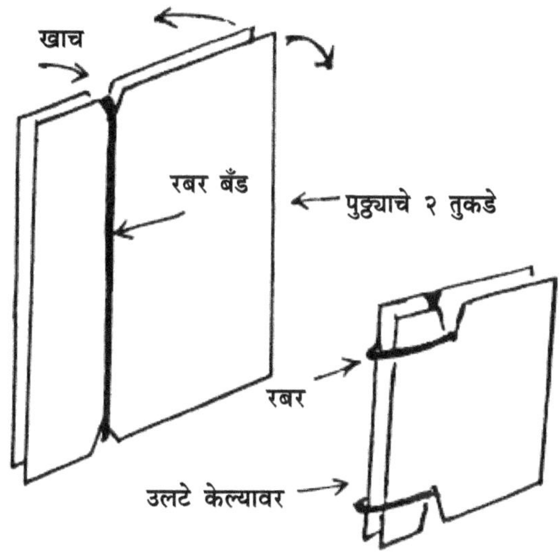

अडीच इंच रुंद असे दोन आयताकृती तुकडे पुठ्ठ्यापासून कापून घ्या. ते एकमेकांवर
ठेवा व लांबीच्या बाजूकडून १ सें.मी. अंतर सोडून वर व खाली एक एक खाच
पाडा. ह्या खाचेत एक रबर बँड बसवा. हा रबर बँड बिजागिरी समजून दोन्ही तुकडे
दाराच्या फाटकाप्रमाणे उघडून एकमेकांना टेकेपर्यंत उलटे फिरवावे. ते एकमेकांस
टेकल्यावर बोटाच्या चिमटीत धरून वर फेकावे. वर फेकल्यावर फटाक्यासारखा
'फट' असा आवाज करून ते तुकडे उलटे फिरून पुन्हा पहिल्या स्थितीत येतात.
त्यांना पुन्हा उलटे करून वर फेकावे. पुन्हा आवाज होतो. अशा प्रकारे हा फटाका
कितीही वेळ वाजविता येतो.

♦♦♦

हा धावपटू धावणारा आहे. तो जाड पुठ्ठ्याचा बनलेला असतो व त्याला हाताने उभे धरून फरशीवर चालविले, म्हणजे त्याच्या पायाच्या खालच्या बाजूला असलेली चाके फिरतात व त्यांच्याबरोबर त्याचे पायसुद्धा धावण्याची कृती करतात.

आकृतीत दाखविल्याप्रमाणे जाड पुठ्ठ्यापासून आकार कापून घ्या. चाकांचे आकार २ नग, मांडीचे आकार २ नग व पोटरीचे आकार २ नग असे वेगवेगळे आकार कापून ठेवा. मुख्य आकृतीत खालच्या बाजूला दोन बाजूंनी दोन समान त्रिज्येची चाके मध्यबिंदूतून दोरा ओवून व त्याच्या दोन्ही टोकांना गाठी पाडून गोल फिरतील, असे बसवावे.

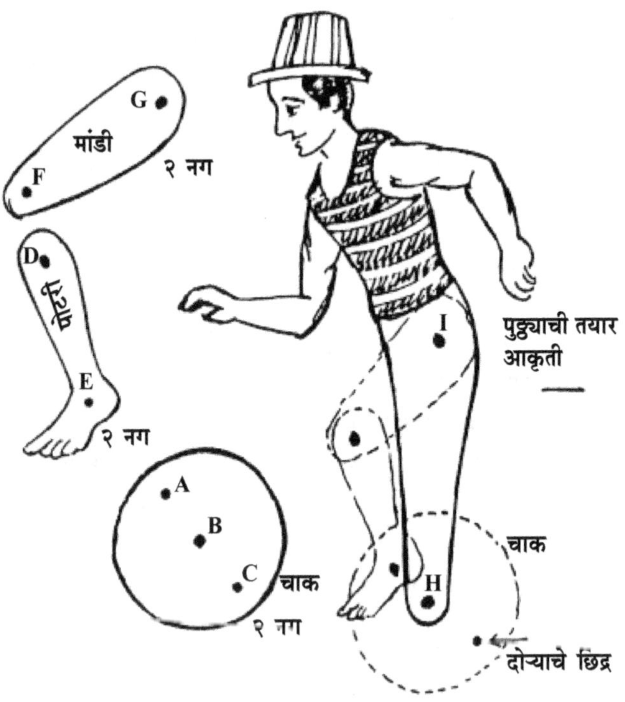

A, B, C, D, E, F, G, H, I ही दोऱ्याची छिद्रे आहेत.

त्यानंतर पोटरीचा आकार मांडीच्या आकाराला तशाच पद्धतीने शिवावा. हा तयार झालेला भाग आकृतीच्या कमरेच्या ठिकाणी दोऱ्यानेच जोडावा. अलीकडच्या चाकाच्या परिघाजवळ एक छिद्र पाडून त्या ठिकाणी पायाचा पंजा पक्का करावा. तोसुद्धा हलणारा पाहिजे. ह्याचप्रमाणे दुसरा पाय दुसऱ्या बाजूच्या चाकाला जोडा. मात्र जोडताना, समजा, अलीकडील पाय वर्तुळाच्या परिघावर खाली जोडला असेल, तर पलीकडच्या चाकाला पलीकडचा पाय वरच्या बाजूस जोडावा. म्हणजे आलटून पालटून प्रत्येक पाय वर-खाली होत राहील.

आता धावपटू तयार झाला. तुम्हांला आवडतील, ते रंग त्याला द्या. वाळल्यावर तुम्ही हातात धरून जमिनीवर घासत चालविले, म्हणजे हा धावपटू वेगाने पाय वर-खाली करीत चालतो किंवा नाही, ते पाहा. जेव्हा एक पाय खाली असतो, तेव्हा दुसरा पाय उचललेला दिसला पाहिजे. नाहीतर दोन्ही पाय वर व दोन्ही पाय खाली येत असतील, तर हा धावपटू धावताना विचित्र वाटेल.

◆◆◆

६० पाण्याची पिचकारी उडविणे

एका मोठ्या डब्याला खालच्या बाजूला एक रबरी नळी बसवा, ह्या नळीला इंग्रजी 'टी' आकाराची काचेची नळी बसवा. काचेची नळी मिळाली नाही, तर

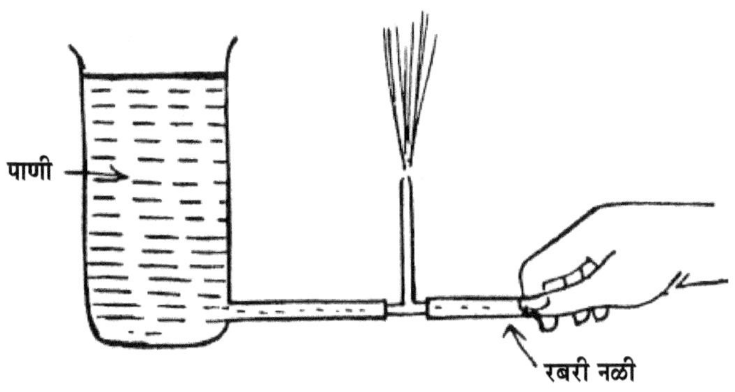

पत्र्याची नळी तयार करून आकृतीत दाखविल्याप्रमाणे तिचे मधले टोक वर असायला पाहिजे. नळीच्या दुसऱ्या टोकात पुन्हा एका रबरी नळीचा तुकडा बसवा. ह्या नळीच्या तुकड्याचे तोंड बोटांनी दाबून धरा व डब्यात पाणी भरा. या वेळी काचेच्या नळीतून पाणी कारंज्याप्रमाणे वर उडू लागेल; पण डब्याच्या पाण्याच्या पातळीपर्यंत पोचणार नाही.

आता रबरी नळीचे टोक सोडून तिच्यातून पाणी वाहू द्या व एकदम नळीचे तोंड दाबून बंद करा. या वेळी मात्र नळीच्या मधल्या टोकातून पाण्याची जोरदार पिचकारी बाहेर पडेल. अशा प्रकारे नळीचे टोक दाबून व सोडून पाण्याचा फवारा वर उडविता येईल.

फवारा उडण्याचे कारण असे, की नळीचे तोंड उघडे असताना पाण्याचा प्रवाह जोराने वाहत असतो, पण नळीचे तोंड बंद केल्यावर तोच जोर पाणी कारंज्याप्रमाणे वर उडवितो.

◆◆◆

आकाश-पाळणा

हे एक चांगले खेळणे असून तयार करण्यास सोपे व कमी खर्चिक आहे. एक छोटी मोटार व काही सायकलचे स्पोक जमा केले, की आपले काम सुरू होते.

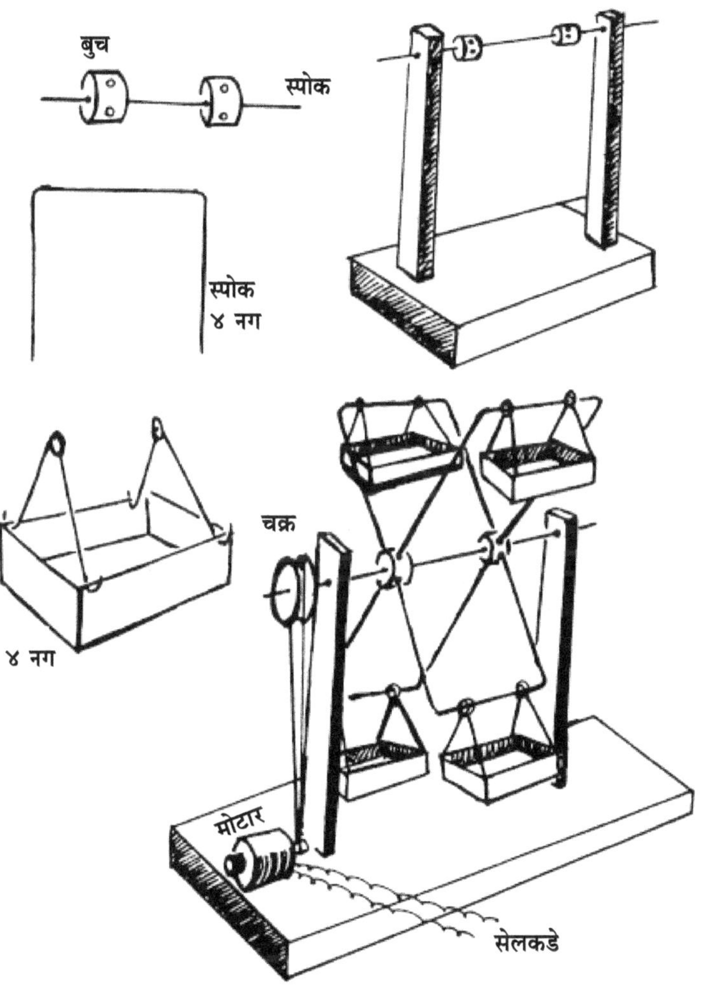

सायकलचे चार स्पोक घेऊन त्यांची लांबी समान करून घ्या व त्यांना आकृती एकप्रमाणे वाकवून घ्या. ह्या वाकविलेल्या स्पोकच्या आडव्या भागात झोका टांगावयाचा आहे. त्यासाठी आगपेटीच्या आतील चार खोके घ्या. त्यांच्या चार कोपऱ्यांवर चार तारा बांधून त्यांना आकृतीत दाखविल्याप्रमाणे वरच्या बाजूला दोन पोकळ गुंड्या तयार करा व पूर्वी तयार केलेली तार ह्या तारांच्या गुंड्यात बसवा. ती ढिली बसावयास पाहिजे. अशा प्रकारे चारही तारांना चार झोके टांगून द्या.

एक पाचवा स्पोक घेऊन तो सरळ आहे, याची खात्री करून घ्या. दोन रबरी किंवा लाकडी बुचे घेऊन त्यांना प्रत्येकी एक छिद्र आरपार पाडा. ह्या बुचात सरळ स्पोक घाला. हा आपला आकाश-पाळण्याचा कणा तयार झाला. बुचांना वक्रपृष्ठभागावर समान अंतरावर चार चार छिद्रे पाडा. ह्या छिद्रांत झोक्याचे स्पोक घुसवून बसवावयाचे आहेत.

एका लाकडी पाटीवर दोन समान उंचीच्या लाकडी पट्ट्या उभ्या पक्क्या करा. त्यांची उंची प्रत्यक्ष आकाश-पाळणा त्यांना लावून ठरविता येईल. ह्या उभ्या पट्ट्यांच्या वरच्या टोकाला स्पोक सहज फिरेल, असे एक एक छिद्र पाडावे व त्यांत बुचे लावलेला स्पोक बसवावा. स्पोकचे एक टोक पट्टीच्या बाहेर थोडे जास्त ठेवावे. ह्या टोकात एक गोल रबरी बूच किंवा छोटे चाक बसवावे. चाकाला मध्यभागी खिराडीप्रमाणे खाच पाडलेली असावी. स्पोकला लावलेल्या बुचाच्या छिद्रात झोक्याचे स्पोक दाबून बसवावे. आकृतीत दाखविल्याप्रमाणे आकाश- पाळणा तयार होईल. स्पोकच्या चाकाच्या खाली एक मोटार पाटीवर पक्की करावी. ह्या मोटारच्या दांड्यावर एक दोरा गुंडाळून घेऊन, तो चाकावर येऊ द्यावा. हा दोरा जास्त घट्ट किंवा जास्त ढिला नसावा.

मोटारच्या वायरला दोन सेल जोडावे. मोटार फिरू लागेल व त्यामुळे दोरा फिरेल व आकाश-पाळणा सुरू होईल. आकाश-पाळण्याचा वेग जास्त असल्यास झोक्यामध्ये छोट्या छोट्या प्लॅस्टिकच्या बाहुल्या बसवाव्या. अशा प्रकारे हा आकाश-पाळणा तयार करण्यास सोपा व सुलभ असून मनोरंजक आहे.

♦♦♦

दाढी करण्याच्या ब्लेडमध्ये चुंबकाने घासून चुंबकत्व लवकर येते व बराच वेळ टिकते. ह्या ब्लेडच्या मधल्या छिद्रात अँप्यूलचे टोक बसवून व त्याला एका उभ्या सुईवर फिरते ठेवून, दिशा दाखविणारे यंत्र आपण तयार केले आहे. असे यंत्र

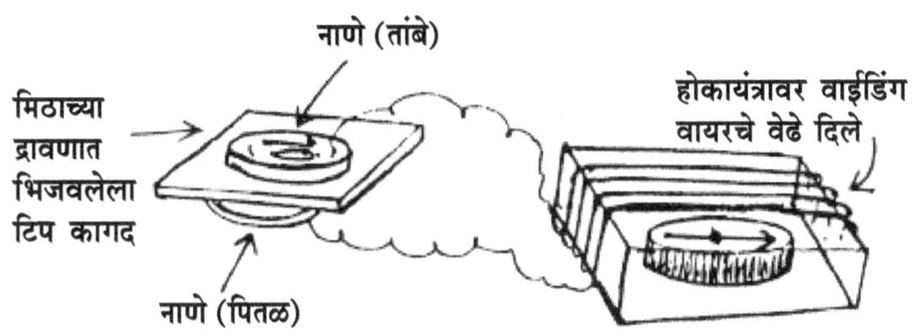

तयार करून ते एका लाकडी पाटीवर ठेवावे. ह्या यंत्राला थोडे अंतर सोडून वाईंडिंग वायरचे वेटोळे, वेटोळ्याच्या मध्यभागी हे यंत्र येईल, अशा तऱ्हेने उभे करावे. म्हणजे यंत्राच्या वरून व खालून हे वेटोळे येईल. ज्या वेळी या वेटोळ्यातून विजेचा प्रवाह वाहणार नाही, त्या वेळी ते उत्तर-दक्षिण दिशेने स्थिर राहील.

धातूची दोन (तांबे व पितळ) ५-५ नाणी घ्या. त्यांपैकी एका नाण्याला वायर बांधा व ते टेबलावर सपाट ठेवा. ह्या नाण्याच्या वर मिठाच्या पाण्याने ओला केलेला कागद ठेवा. पुन्हा त्यावर दुसऱ्या धातूचे नाणे ठेवा. त्यावर पुन्हा मिठाच्या पाण्याने ओला केलेला ब्लॉटिंग पेपर ठेवा. त्यावर पुन्हा पहिल्या नाण्याच्या धातूचे नाणे ठेवा. अशा प्रकारे कृती करीत व प्रत्येक थराला वेगवेगळ्या धातूंची नाणी ठेवून हे थर पूर्ण करा. सगळ्यांत वरच्या नाण्याला वायर बांधून तिचे एक टोक वाईंडिंग वायरच्या एका टोकाला जोडा. खालच्या नाण्याची वायर वेटोळ्याच्या दुसऱ्या टोकाला जोडा. म्हणजे नाण्याच्या थरात तयार झालेला विजेचा प्रवाह वेटोळ्यातून वाहू लागतो व त्याचा चुंबकीय परिणाम होकायंत्रावर होतो व त्याची दिशा बदलते. अशा प्रकारे मिठापासून वीज तयार होते, याची माहिती तुम्हांला झाली. जर वीजच तयार झाली नसती, तर वेटोळ्यातील होकायंत्रावर काहीच परिणाम झाला नसता.

◆◆◆

A to Z विज्ञान

लेखक
डी. एस्. इटोकर

रोजच्या व्यवहारात विज्ञानातील अनेक शब्द, संज्ञा वापरल्या
जातात. शालेय विद्यार्थ्यांच्या अभ्यासक्रमात विज्ञानावर आधारित
अनेक सिद्धांत व उपकरणे अभ्यासली जातात;
परंतु त्यांचे अर्थ कित्येकदा माहीत नसतात.
त्यासाठीच 'A to Z' विज्ञान'ची निर्मिती झाली आहे.
या पुस्तकात इंग्रजी 'A' या आद्याक्षरापासून 'Z' पर्यंत
जास्तीत जास्त शब्दांची आवश्यक त्या ठिकाणी आकृती काढून
समजण्यास सोपी अशी मांडणी केली आहे.
वैज्ञानिक खेळण्यांची, प्रयोगांची मनोरंजक पुस्तके देणाऱ्या
डी. एस्. इटोकर यांचे हे वेगळे पुस्तक बाल,
कुमार वाचकांबरोबर आबालवृद्धांनाही आवडेल
असा विश्वास वाटतो.

♦♦♦

www.ingramcontent.com/pod-product-compliance
Lightning Source LLC
Chambersburg PA
CBHW071210130726
47998CB00002B/700